FORSCHUNGSBERICHTE
DES WIRTSCHAFTS- UND VERKEHRSMINISTERIUMS
NORDRHEIN-WESTFALEN

Herausgegeben von Staatssekretär Prof. Dr. h. c. Dr. E. h. Leo Brandt

Nr. 673

Prof. Dr.-Ing. Herwart Opitz
Dipl.-Ing. Hans Obrig
Dipl.-Ing. Karlheinz Ganser
Laboratorium für Werkzeugmaschinen und Betriebslehre
an der Technischen Hochschule Aachen

Die Bearbeitung von Werkzeugstoffen durch funkenerosives Senken

Als Manuskript gedruckt

Springer Fachmedien Wiesbaden GmbH

ISBN 978-3-663-03412-4   ISBN 978-3-663-04601-1 (eBook)
DOI 10.1007/978-3-663-04601-1

Gliederung

Vorwort .... S. 5

I. Die Bearbeitung von Warmarbeitsstählen durch funkenerosives Senken .... S. 7

    1. Einleitung .... S. 7

    2. Gesichtspunkte für die Ausbildung der Werkzeugelektrode. S. 7

        2.1 Untersuchung verschiedener Werkzeugstoffe auf Abtragsleistung und Verschleiß .... S. 8
        2.2 Bearbeitung der Werkzeuge .... S. 16
        2.3 Untermaß der Werkzeugelektrode .... S. 17

    3. Untersuchung der Oberflächenbeeinflussung .... S. 20

        3.1 Temperaturen beim Funkenüberschlag .... S. 21
        3.2 Ausbildung der Rand- und Umwandlungszone .... S. 22
        3.3 Einfluß der Spülung auf das Arbeitsergebnis .... S. 29
        3.4 Einfluß der spezifischen Auftreffhäufigkeit .... S. 33

    4. Zusammenfassung .... S. 35

II. Die Bearbeitung von Hartmetallwerkzeugen durch funkenerosives Senken .... S. 36

    1. Einleitung .... S. 36

        1.1 Wahl geeigneter Werkzeugelektroden-Werkstoffe .... S. 40
            1.11 Das Verschleißverhalten von Verbundkörper-Werkstoffen .... S. 42
        1.2 Die werkstückseitige Beeinflussung .... S. 50

    2. Zusammenfassung .... S. 56

Literaturverzeichnis .... S. 58

Vorwort

Die Forderung nach erhöhten Standzeiten der in der Massenfertigung eingesetzten Werkzeuge stellt immer neue Probleme für den Werkzeugbau bezüglich der Bearbeitbarkeit neuer Werkstoffe, sowie der Erzielung einer ausreichenden Genauigkeit. Das funkenerosive Bearbeitungsverfahren bietet hier vielfältige Einsatzmöglichkeiten. Der folgende Bericht ist nach den beiden Hauptanwendungsgebieten unterteilt. Zunächst wird die Bearbeitung von Gesenkwerkzeugstählen besprochen. Die Versuche wurden entsprechend dem Anwendungsbereich im Gesenkbau auf einer Maschine hoher Abtragsleistung durchgeführt.

Die im zweiten Abschnitt besprochenen Untersuchungen beziehen sich auf die Hartmetallbearbeitung, und es wurde mit einer Feinbearbeitungsmaschine niedriger Anschlußleistung gearbeitet.

Grundästzlich ist zu sagen, daß die gefundenen Ergebnisse nur als allgemeine Tendenzen zu verstehen sind. Die Angaben von Zahlenwerten erscheinen in diesem Zusammenhang unzweckmäßig, da diese weitgehend von der Auslegung der jeweiligen Maschine abhängig sind und damit zu Fehlschlüssen führen können.

I. Die Bearbeitung von Warmarbeitsstählen durch funkenerosives Senken

1. Einleitung

In weiten Bereichen der Fertigung bieten die funkenerosiven Bearbeitungsverfahren neue Möglichkeiten der Formgebung. Für das Gebiet des Werkzeugbaues sei hier insbesondere die Bearbeitung von sogenannten Warmarbeitsstählen, wie sie im Gesenk- und Schnittbau Verwendung finden, betrachtet. Dabei liegt der Vorteil des Verfahrens einmal in der Möglichkeit, den Werkstoff im bereits vergüteten Zustand zu bearbeiten, zum anderen lassen sich auch komplizierte Raumformen ohne die sonst üblichen Freiform- oder Kopierverfahren herstellen. Die Grundlagen des Verfahrens sind bereits an anderer Stelle ausführlich behandelt [1 bis 4] und sollen hier nicht näher erläutert werden.

Nun weicht der Herstellungsgang z.B. einer Gravur wesentlich von dem bisher üblichen Verfahren ab. Bei jedem spanenden Arbeitsprozeß ist die Kontaktfläche zwischen Werkzeug und Werkstück klein gegenüber der gesamten Bearbeitungsfläche. Eine Analogie zu dem Vorgang des elektroerosiven Senkens bietet das in neuerer Zeit immer mehr verbreitete Kalt- bzw. Warmeinsenken. Hier wird ebenfalls die im Werkzeug - dem Pfaff - vollständig festgelegte Raumform als Negativform im Werkstück abgebildet, und der Arbeitsvorschub erfolgt nur in einer Richtung i.a. senkrecht zur Werkstückoberfläche. Als wesentlicher Unterschied ist nur zu beachten, daß im einen Fall das Material durch das Werkzeug verformt und verdrängt wird, während beim erosiven Prozeß der Werkstoff abgetragen wird.

2. Gesichtspunkte für die Ausbildung der Werkzeugelektrode

Damit ergeben sich aus der Eigenart des Verfahrens ganz bestimmte Forderungen für die Herstellung der Werkzeugelektroden sowohl in bezug auf die Formgebung als auch hinsichtlich der zu verwendenden Materialien. Die Werkzeugelektrode darf bei hoher Abtragsleistung und Oberflächengüte an dem herzustellenden Werkstück nur einen geringen Verschleiß erleiden, damit eine möglichst formgenaue Abbildung im Werkstück entsteht. Ferner muß der Elektrodenwerkstoff selbst leicht zu bearbeiten sein.

Abtragsleistung und Werkzeugverschleiß lassen sich zunächst durch die elektrische Schaltung des Arbeitskreises sowie die Art der Regelung des Werkzeugvorschubes beeinflussen. Unter gegebenen Bedingungen sind dann noch die Materialkonstanten des Elektrodenwerkstoffes auf optimale Ergebnisse zu untersuchen.

2.1 Untersuchung verschiedener Werkzeugwerkstoffe auf Abtragsleistung und Verschleiß

Als Werkzeugwerkstoffe kommen in erster Linie Kupfer und Messing in Betracht. Neuere Untersuchungen zeigten, daß Wolfram- oder Graphit-Verbundkörperwerkstoffe mit Kupfer oder Silber ebenfalls günstige Eigenschaften aufweisen. Im Zusammenhang mit der Herstellung von Gesenken scheiden jedoch die auf Wolfram- oder Silberbasis aufgebauten Sinterwerkstoffe durch ihren hohen Preis aus.

In Abbildung 1 ist für den Arbeitsbereich einer Maschine zur Gesenk-

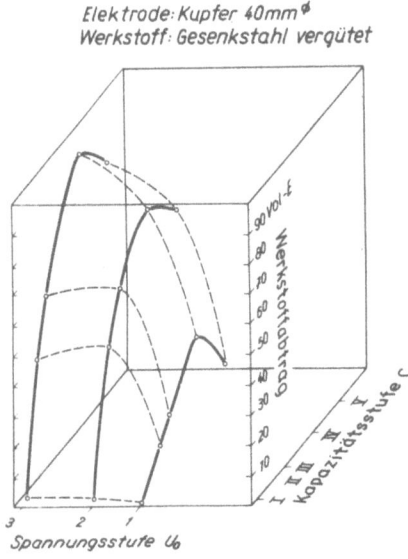

A b b i l d u n g   1

Leistungsschaubild einer Funkenerosionsmaschine zur Gesenkbearbeitung

Werkstoffabtrag in Abhängigkeit von Kapazität und Spannung

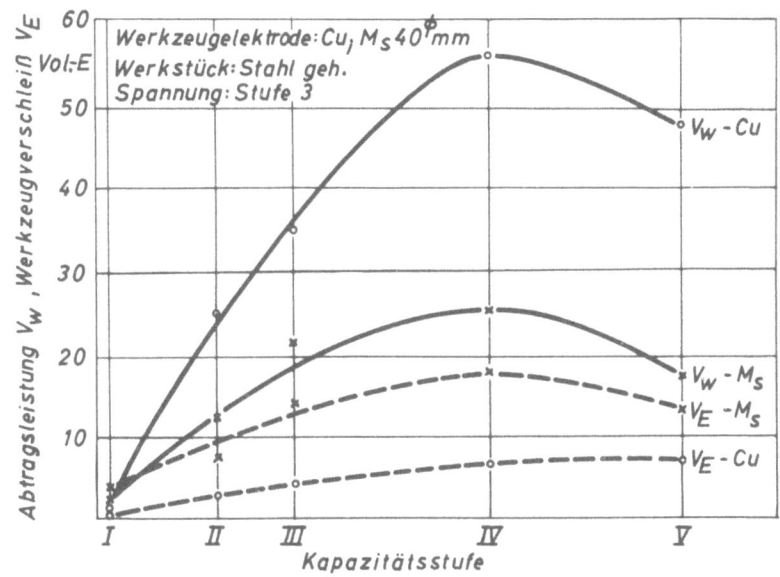

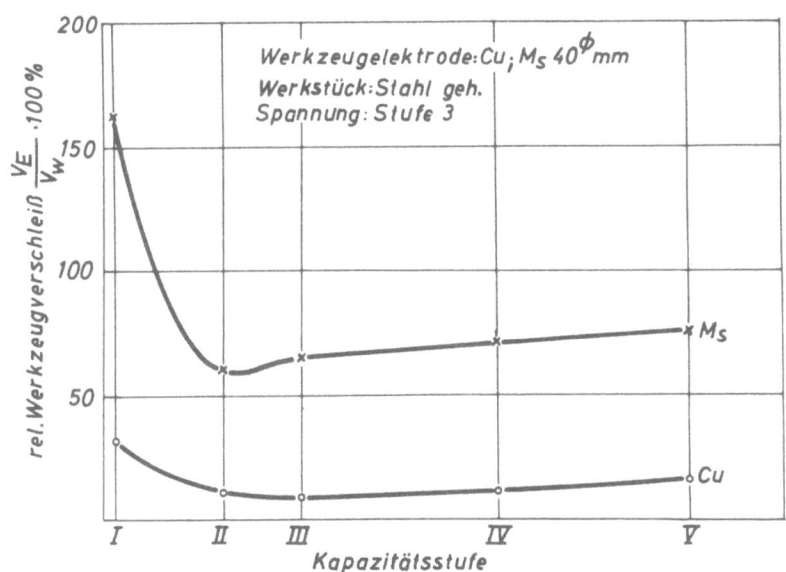

Abbildung 2

Leistungsvergleich zwischen Kupfer und Messing als Werkzeugelektrodenstoff

bearbeitung die in den verschiedenen Einstellstufen erreichbare Abtragsleistung mit Kupfer als Werkzeugstoff dargestellt. In Abhängigkeit von der Kapazität zeigt sich für alle Fälle ein deutliches Maximum bei Kapazitätsstufe IV. Der darauf folgende Abfall der Kurven erklärt sich aus der Abhängigkeit der Abtragsleistung von der Impulsenergie, die mit steigender Kapazität zunimmt, und der Funkenfolge, die zu höheren

Kapazitäten hin kleiner wird. Ebenso ist der Verlauf über der Spannung in den einzelnen Kapazitätsstufen aus den elektrischen Eigenschaften der Versuchsmaschine zu erklären. Der relative Werkzeugverschleiß beläuft sich auf etwa 10 - 15% bezogen auf das abgetragene Materialvolumen und steigt nur in Stufe I auf etwas höhere Werte an. Daraus folgt die Notwendigkeit einer sehr sorgfältigen Vorbearbeitung im Schruppbereich, um einmal durch den geringen Materialabtrag beim Schlichten die Arbeitszeit in wirtschaftlichen Grenzen zu halten und andererseits unter Berücksichtigung des relativen Werkzeugverschleisses die nötige Abbildungsgenauigkeit zu wahren.

In vielen Fällen wird neben Kupfer auch Messing als Werkzeugstoff genannt. Dies ist vor allem durch die besseren Möglichkeiten zur spanlosen und spanenden Formgebung von Messingteilen bedingt. Einen Vergleich zwischen Messing und Kupfer bezüglich Abtragsleistung und relativem Werkzeugverschleiß gibt Abbildung 2. Die Versuchsbedingungen wurden vollkommen gleich gehalten. Der Verlauf der Abtragskurven ist in beiden Fällen gleich und bestätigt damit den schon oben erwähnten Einfluß der elektrischen Daten des Arbeitskreises.

Jedoch liegen die Absolutwerte für Messing nur bei etwa der Hälfte der mit Kupfer erreichten Abtragsleistung. Der relative Werkzeugverschleiß liegt bei Stufe I im Bereich der sogenannten "negativen Erosion" und fällt dann auf Beträge, die immer noch etwa das Dreifache der mit Kupfer erzielten Verschleißwerte betragen. Damit kommt Messing im Bereich der untersuchten Maschine nicht als Werkzeugstoff in Betracht, da durch die geringe Abtragsleistung und eine durch hohen Verschleiß bedingte ungenaue Abbildung der Werkzeugelektrode die Bearbeitungszeit und damit die Stückkosten wesentlich ansteigen.

Gesinterte Verbundkörperwerkstoffe finden weitgehend als Kontaktwerkstoffe Verwendung. Für das bisher behandelte Gebiet kommen zunächst nur die Kupfer-Graphit-Verbundwerkstoffe in Betracht. Um den Einfluß der Komponenten zu erfassen, wurden die in Tabelle 1 zusammengestellten drei Werkstoffe als Werkzeugelektroden zur Bearbeitung eines vergüteten Gesenkstahles eingesetzt. Die Ergebnisse wurden mit den unter gleichen Bedingungen für Kupfer gefundenen Werte verglichen. Bei der Verschleißuntersuchung ist die Porosität der Probestäbe besonders zu

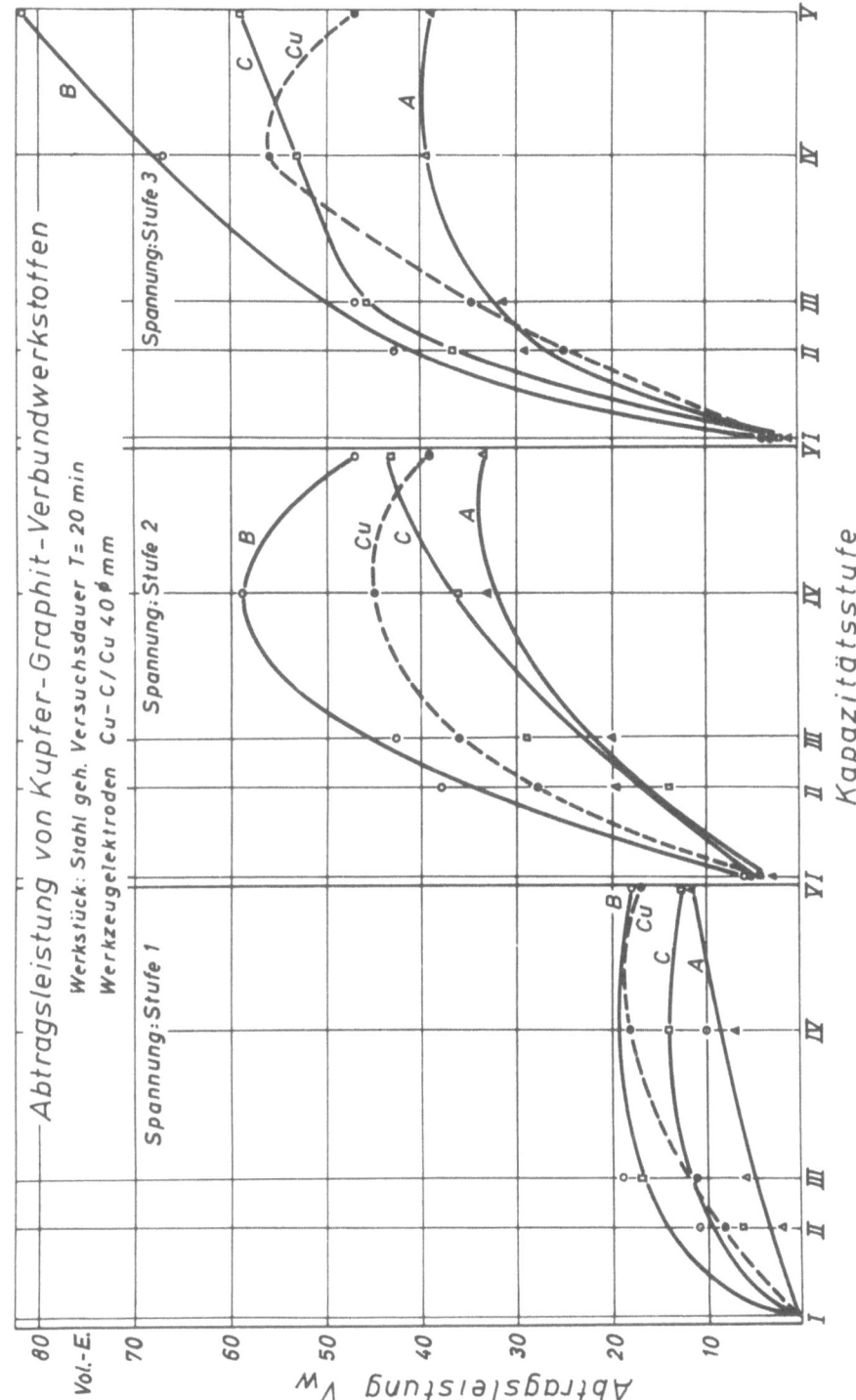

Abbildung 3 Abtragsleistung von Kupfer-Graphit Verbundwerkstoffen

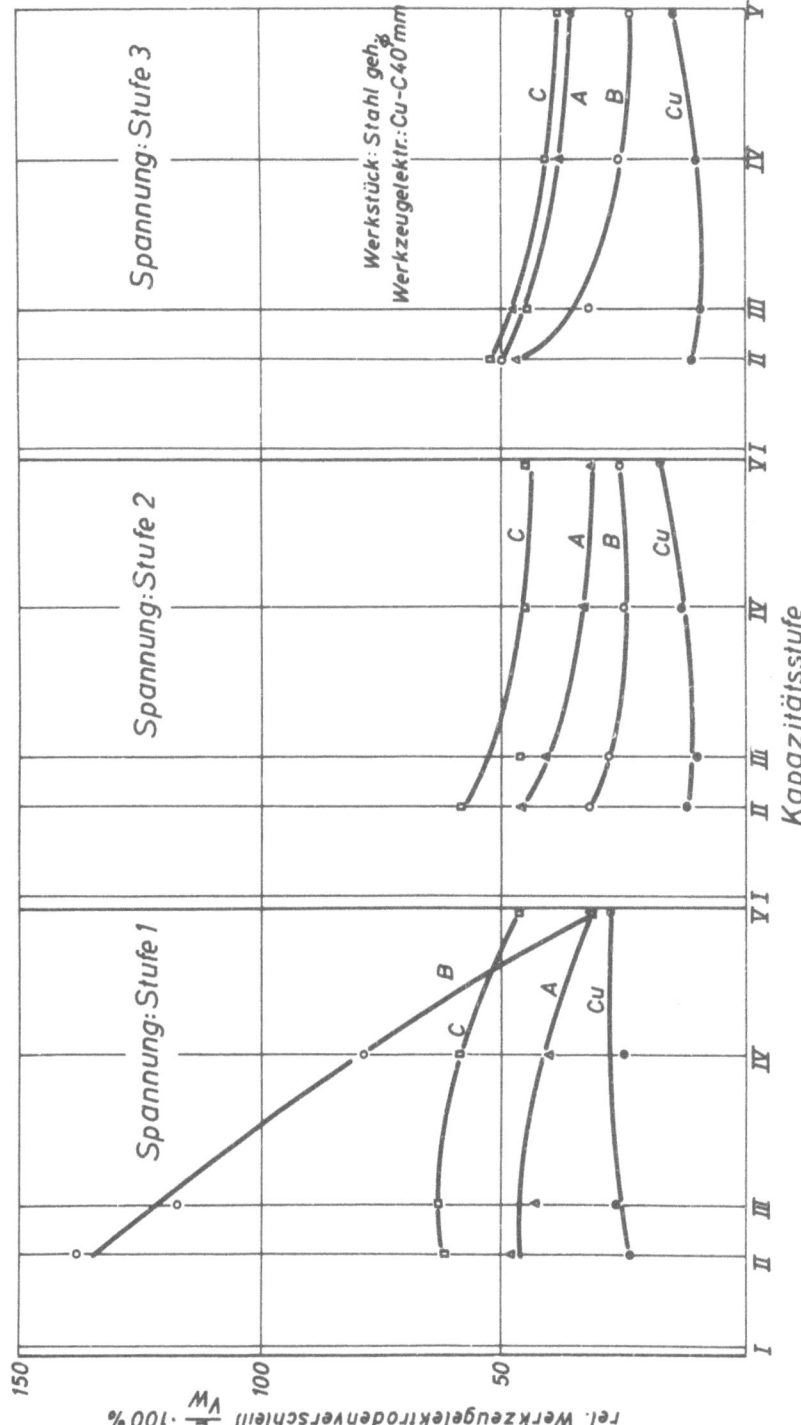

Abbildung 4   Relativer Werkzeugverschleiß von Kupfer-Graphit-Verbundwerkstoffen

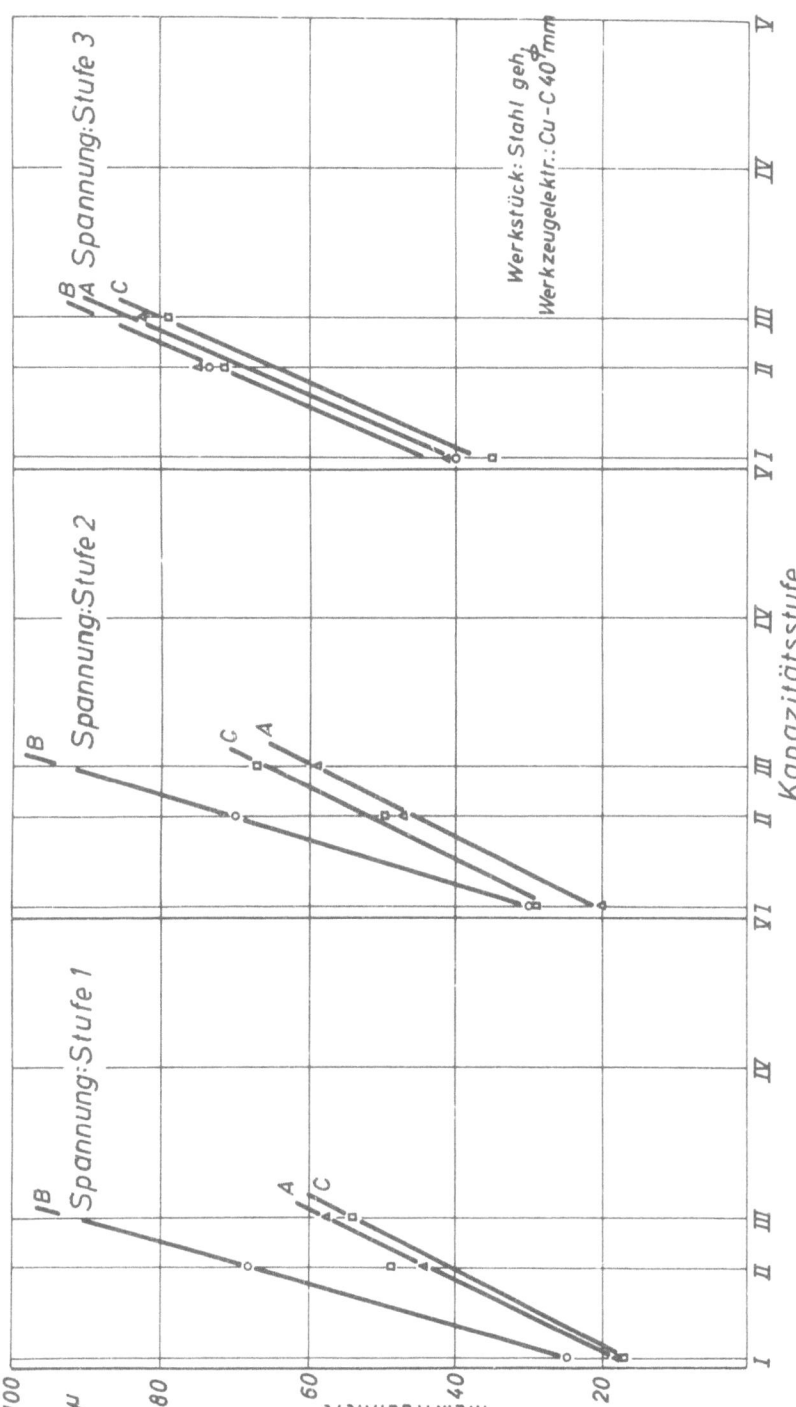

Abbildung 5

Maximale Rauhtiefe bei Bearbeitung mit Kupfer-Graphit-Verbundwerkstoffen

beachten. Um Gewichtsdifferenzen durch die während der Versuche aufgenommene Flüssigkeit zu vermeiden, wurden die Proben dauernd unter Sangajol gelagert.

Die in der Tabelle gezeigten Gefügebilder lassen neben der mit steigendem Graphitgehalt zunehmenden Porosität der Stoffe auch eine Orientierung der Graphitlamellen erkennen. Diese Ausrichtung erfolgt beim Pressen der Teile, und zwar senkrecht zur Preßrichtung. Ein Einfluß dieser Erscheinung auf den Verschleiß ließ sich jedoch nicht feststellen.

In Abbildung 3 sind die Abtragswerte für den Arbeitsbereich einer großen Funkenerosionsmaschine zusammengestellt. Die Rangfolge bleibt in allen Fällen annähernd gleich. Während Kupfer im mittleren Bereich liegt, werden die besten Ergebnisse mit Werkstoff B (84 % Cu; 16 % C) erreicht.

Interessant ist, daß die geringe Graphitbeimengung von 3,5 % in Werkstoff A einen wesentlichen Leistungsabfall gegenüber reinem Kupfer hervorruft.

Die zugehörigen Verschleißwerte sind in einem Diagramm in Abbildung 4 aufgetragen. Für die im wesentlichen interessierenden Spannungsstufen 2 und 3 ergibt wiederum Werkstoff B die besten Ergebnisse vor A und C. Die Absolutwerte gehen jedoch im günstigsten Fall nicht unter 25 %, während bei Kupfer die Verschleißwerte um 10 % betragen.

Als dritte kennzeichnende Größe für das Arbeitsergebnis wurde in Abbildung 5 die Oberflächenrauhigkeit aufgezeichnet. Gemessen wurde der maximale Profilunterschied auf dem Leitz-Forster-Gerät.

Für die Werkstoffe A und C sind keine wesentlichen Unterschiede zu erkennen, dagegen weisen die Rauhtiefen bei B sowohl höhere Absolutwerte als auch ein stärkeres Ansteigen der Kurven auf. Damit bestätigt sich der allgemein zu beobachtende Zusammenhang, nach dem mit steigender Abtragsleistung auch höhere Rauhtiefen zu erwarten sind. Es läßt sich zusammenfassend feststellen, daß für den untersuchten Bereich Vorteile der Kupfer-Graphit-Verbundkörperwerkstoffe nur von der Abtragsleistung her zu erwarten sind. Der Werkstoff B bringt mit 84% Cu und 16% C eine Abtragssteigerung bis zu 50% gegenüber reinem Kupfer. Der relative Werkzeugverschleiß liegt in allen Fällen jedoch höher als bei Kupfer und erreicht im günstigsten Fall etwa die doppelte Höhe. Der geringe Gewinn

Tabelle 1

Werkstoff-Zusammensetzung	Gefüge Vergrößerung	spez. Gewicht
"A" 96,5 Cu + Pb 3,5 C	100 : 1	6,58
"B" 84 Cu 16 C	100 : 1	4,88
"C" 66 Cu 34 C	100 : 1	3,8

an Abtragsleistung in den Schlichtstufen sowie der stark zunehmende relative Werkzeugverschleiß lassen daher nur eine Verwendung zur Vorbearbeitung, also im Schruppbereich, zweckmäßig erscheinen.

2.2 Bearbeitung der Werkzeuge

Als zweiter Gesichtspunkt für die Wahl des Elektrodenwerkstoffes wurde bereits die Bearbeitbarkeit genannt.

Grundsätzlich bieten die hier genannten Werkstoffe keine besonderen Schwierigkeiten, jedoch wird man von Fall zu Fall in Abhängigkeit von der Zahl und Ausbildung der Formelektroden die wirtschaftlichste Herstellungsart auswählen müssen. Eine Bearbeitung auf normalen Maschinen bzw. von Hand wird wegen der komplizierten Formen in den meisten Fällen sehr aufwendig und teuer sein. Rotationssymmetrische Formen können durch Drehen nach Schablone bzw. Kopierdrehen erzeugt werden. Profilelektroden zur Herstellung von Durchbrüchen lassen sich mit einem Stempelhobler bearbeiten, soweit sie nicht bereits in handelsüblichen Abmessungen zur Verfügung stehen. In allen anderen Fällen müssen Kopierfräsmaschinen eingesetzt werden. Dabei bietet die Zerspanung der oben angeführten Werkstoffe keine wesentlichen Schwierigkeiten. Sobald jedoch größere Stückzahlen benötigt werden, ist auf jeden Fall die spanlose Formgebung in Erwägung zu ziehen.

Hier ist nun stets zu beachten, daß Ungenauigkeiten der Werkzeugelektroden sich einmal in der hergestellten Form reproduzieren und sich andererseits, wie weiter unten erläutert wird, beim Nachsetzen mehrerer Werkzeugelektroden sehr ungünstig auf die Arbeitszeit auswirken. Damit scheidet das einfache Warmschmieden oder -pressen wegen des dabei nicht zu vermeidenden Verzuges der Teile aus. Man wird also zweckmäßig die Werkzeugelektroden zunächst vorschmieden und anschließend unter der Presse oder dem Hammer in einer oder mehreren Stufen kalt nachkalibrieren. Vor der Kaltverformung müssen die Teile jeweils weichgeglüht, abgeschreckt und entzundert werden. Es empfiehlt sich, diese Prägegravur zu polieren, um eine gute Oberfläche der geprägten Teile zu erreichen sowie ein leichtes Herauslösen zu ermöglichen. Da Ober- und Untergesenk ohnehin nacheinander hergestellt werden, ist es zweckmäßig, die Werkzeugelektroden nur in einer Hälfte mit einer ebenen Gegenfläche herzustellen, die dann zur Befestigung der Einspannvorrichtung dient.

Formteile aus Verbundwerkstoffen werden im allgemeinen gepreßt und gesintert. Diese Stoffe lassen sich ebenfalls leicht spangebend bearbeiten; über ihre spanlose Formung lassen sich noch keine genauen Angaben machen, jedoch erscheint bei höheren Cu-Gehalten eine geringere Verformung, z.B. für das Kalibrieren, möglich.

2.3 Untermaß der Werkzeugelektrode

Im Gegensatz zu dem anfänglich genannten Kalt- oder Warmeinsenken besitzt die Werkzeugelektrode beim funkenerosiven Verfahren nicht die Maße der herzustellenden Gravur. Es ist vielmehr immer der sogenannte Bearbeitungsspalt zu berücksichtigen, der definiert ist als der Abstand zwischen Werkzeugelektrode und Werkstück nach der Bearbeitung. Damit ist im Bearbeitungsspalt sowohl die eigentliche Funkenüberschlagsstrecke als auch der anoden- und kathodenseitige Abtrag bzw. Verschleiß erfaßt. Abbildung 6 veranschaulicht die Zusammenhänge und Abbildung 7 gibt als Beispiel die Abhängigkeit des Bearbeitungsspaltes von der Spannung an. Die im Diagramm aufgeführten Werte geben damit unter der Voraussetzung, daß der kathodenseitige Verschleiß klein ist gegenüber der Funkenstrecke und dem Anodenabtrag, einen Anhaltspunkt für die maßstäbliche Verkleinerung der Werkzeugelektrode gegenüber den Maßen der herzustellenden Gravur.

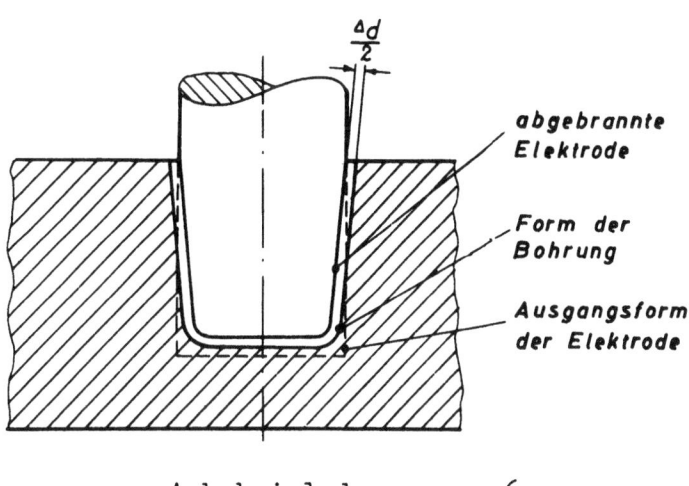

A b b i l d u n g   6

Entstehung der Maßdifferenz zwischen
Werkzeugelektrode und Werkstück

Gleichzeitig wird man bei Bearbeitung in mehreren Stufen durch ein zusätzliches Untermaß der Werkzeugelektrode ein Aufmaß im Werkstück vorsehen. Auf diese Weise können dann in der Feinbearbeitungsstufe die Rauhigkeitsspitzen sowie die beim Schruppvorgang wärmebeeinflußte Zone abgetragen werden.

Ebenso wie die Größe des Bearbeitungsspaltes und die Rauhtiefe ist die Tiefe der Oberflächenbeeinflussung weitgehend von den Daten des elektrischen Kreises und der mechanischen Auslegung einer Maschine abhängig. Die hierzu angegebenen Diagramme sollen daher nur die Tendenzen aufzeigen, während die jeweiligen Absolutwerte durch Stichversuche leicht zu ermitteln sind.

Werden nun die Werkzeugelektroden nach einer der oben genannten Methoden hergestellt, so bieten sich wiederum verschiedene Möglichkeiten, das entsprechende Untermaß zu erhalten.

Zunächst kann man das für die verschiedenen Bearbeitungsstufen ermittelte Untermaß direkt bei der Herstellung berücksichtigen. Für die spanlose Formgebung bedeutet das den Einsatz mehrerer Kalibriergravuren.

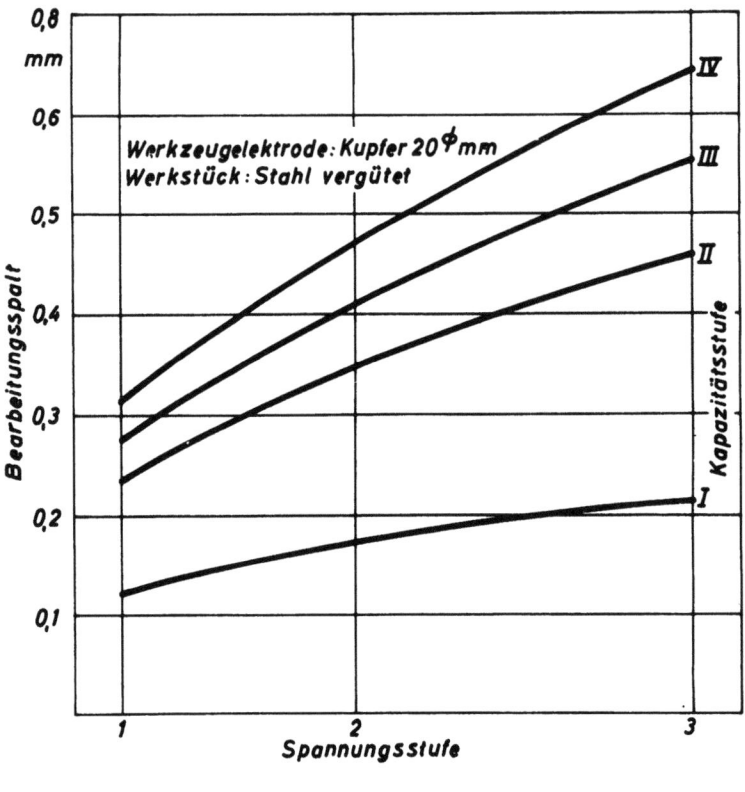

Abbildung 7

Größe des Bearbeitungsspaltes bei verschiedenen Einstellbedingungen

Dies ist für größere Stückzahlen zweifellos die günstigste Lösung. Stehen jedoch nur Werkzeugelektroden, die in einer normalen für die Produktion bestimmten Gravur mit den Fertigmaßen dieser Gravur geprägt wurden, zur Verfügung, so ist es nur bei sehr einfachen Formen möglich, durch spanende Bearbeitung mit der Maschine bzw. von Hand durch Feilen oder Schleifen das Untermaß mit ausreichender Genauigkeit zu erreichen. Eine verhältnismäßig einfache Lösung bietet bei Kupfer das Abätzen. In Versuchen erwies sich 50%ige Salpetersäure als günstigste Ätzlösung. Bei geringerer Konzentration wird der Abtrag zu gering, während bei stärkeren Lösungen eine zu starke Wärmeentwicklung zu unkontrollierbaren Ergebnissen führt.

Zum Versuch wurden Profilstücke mit scharfen Kanten sowie verschiedenen Außen- und Innenradien geätzt. Dabei zeigte sich ein gleichmäßiger Abtrag an allen Stellen, so daß keine Profilverzerrung zu beobachten war und auch die scharfen Kanten erhalten blieben. Die folgenden Abbildungen 8 und 9 zeigen den gewichtsmäßigen Abtrag, bezogen auf die Flächen-

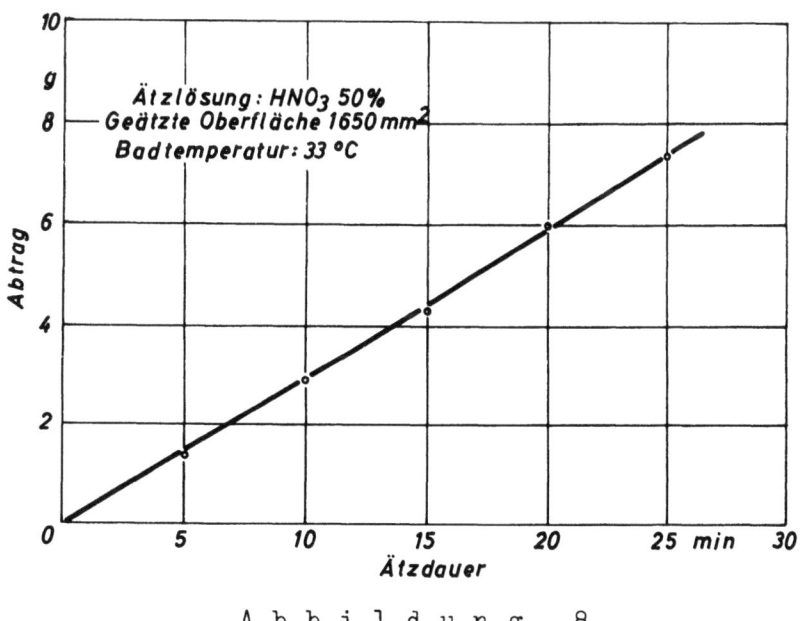

Abbildung 8

Abtrag beim Ätzen von Kupfer

einheit in Abhängigkeit von der Einwirkungszeit. Unter sonst gleichen Bedingungen zeigt sich ein linearer Verlauf. Damit lassen sich also bei Einhaltung der Ätzzeit genaue Untermaße erzielen. Zu beachten ist ledig-

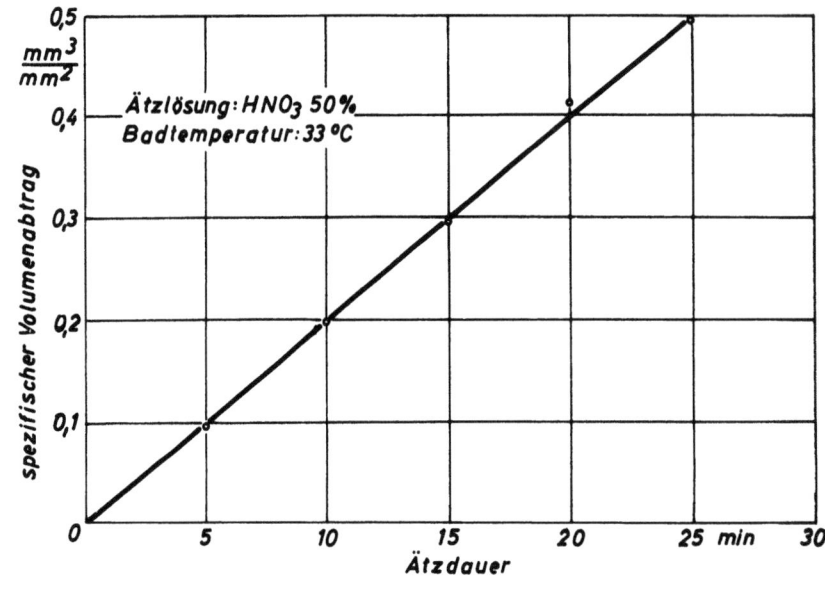

Abbildung 9

Spezifischer Volumenabtrag beim Ätzen von Kupfer

lich eine Bewegung des Stückes im Ätzbad, damit keine Gasansammlungen in Hohlräumen den Ätzangriff behindern. Ferner muß die Badtemperatur möglichst konstant gehalten werden.

Den Einfluß der Badtemperatur auf den Abtrag veranschaulicht Abbildung 10. Das starke Ansteigen der Kurve oberhalb 35° C zeigt, daß es zweckmäßig ist, im unteren Temperaturbereich zu arbeiten, um Abweichungen in der Abtragsleistung durch Temperaturschwankungen möglichst gering zu halten.

3. Untersuchung der Oberflächenbeeinflussung

Es wurde bereits darauf hingewiesen, daß das Untermaß der Werkzeugelektrode außer von der Größe des Bearbeitungsspaltes auch durch die Oberflächenbeeinflussung des Werkstückes und die Rauhtiefe bestimmt wird. Dazu muß die Ausbildung der beeinflußten Zone sowie die Tiefe der Beeinflussung in Abhängigkeit von den Einstellbedingungen bekannt sein.

In den folgenden Ausführungen sollen keine Absolutwerte angegeben werden, da die quantitativen Ergebnisse weitgehend von der Art und Auslegung der jeweiligen Maschine abhängig sind.

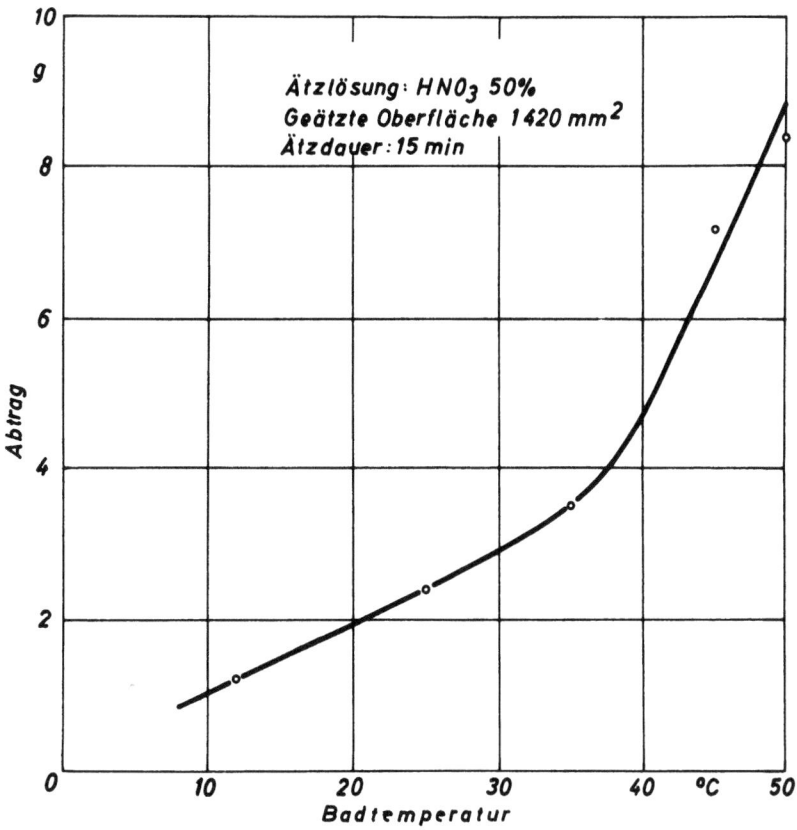

Abbildung 10

Ätzabtrag in Abhängigkeit von der Badtemperatur

3.1 Temperaturen beim Funkenüberschlag

In den verschiedenen Theorien über den Mechanismus des elektroerosiven Metallabtrages werden sowohl elektrostatische, elektrodynamische und mechanische Kräfte als Ursache der Materialablösung angegeben. Der thermischen Wirkung des Funkenüberschlages wird aber in allen Fällen ausschlaggebende Bedeutung zugemessen. Die Angaben über die Temperaturen im Funkenspalt schwanken zwischen 10 000 und 50 000° K. In neueren Untersuchungen konnte eine Schmelzzone in der funkenerosiv bearbeiteten Oberfläche von Hartmetall beobachtet werden. Daraus ist einwandfrei zu schließen, daß die Siedetemperatur von Stahl ohne weiteres erreicht und überschritten wird [15; 11].

Die Ableitung der beim Funkenüberschlag entstehenden Wärme erfolgt durch das Werkstück, die Werkzeugelektrode und das umgebende Arbeitsmedium; hierbei ist die Aufteilung weitgehend von den thermischen Konstanten dieser Stoffe, der Größe der Versuchskörper und der Umwälzmenge der dielektrischen Flüssigkeit abhängig.

Einen Überblick über die mittleren Temperaturen im Werkstück gibt das in Abbildung 11 wiedergegebene Diagramm. Die Temperatur wurde mit einem in das Werkstück fest eingebauten Thermoelement gemessen. Entsprechend dem Abtrag am Werkstück veränderte sich der Abstand zwischen Arbeitsstelle und Meßpunkt. Um eine Beeinflussung durch den Bohrstrom zu vermeiden, wurde dieser im Augenblick der Messung ausgeschaltet. Aus dem Diagramm ist zu entnehmen, daß eine nennenswerte dauernde Erwärmung nur sehr kurz unterhalb der Oberfläche auftritt, d.h., die kurzen Temperaturimpulse werden sehr schnell abgeleitet.

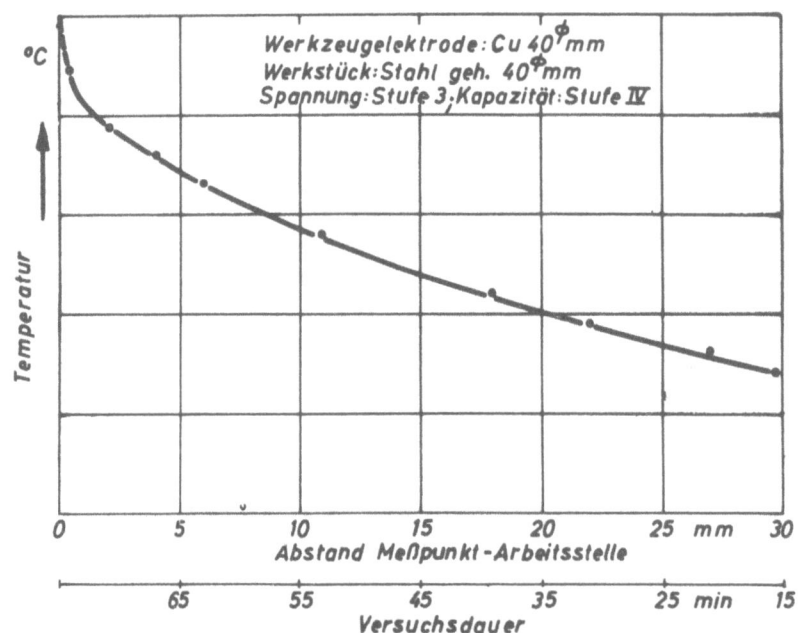

A b b i l d u n g   11

Temperatur im Werkstück während der Bearbeitung

3.2 Ausbildung der Rand- und Umwandlungszone

Insbesondere in den Schruppstufen ist jedoch eine Temperaturbeeinflussung der Werkstückoberfläche nicht zu vermeiden. Abbildung 12 zeigt hierzu den Querschliff durch den Grund einer mit Kupfer funkenerosiv in einen vergüteten Gesenkstahl eingebrachten Gravur nach der Schruppbearbeitung. Die Abbildung zeigt eine breite, scharf gegen den Grundwerk-

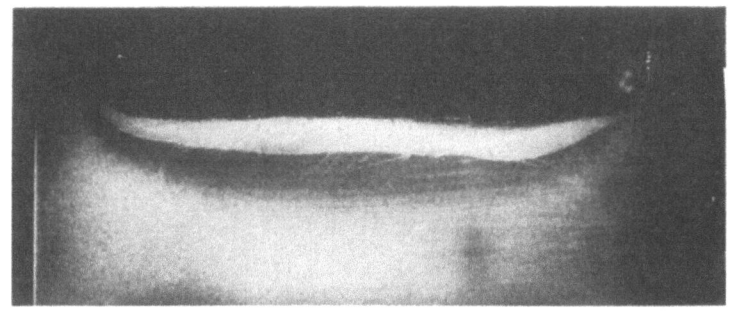

Abbildung 12

Beeinflußte Zone einer Gravur

stoff abgegrenzte Zone, die sich wiederum zusammensetzt aus einer sehr schmalen Randzone und aus der sogenannten Umwandlungszone. Die Aufteilung ist in der stärkeren Vergrößerung (Abb. 13) deutlich zu erkennen.

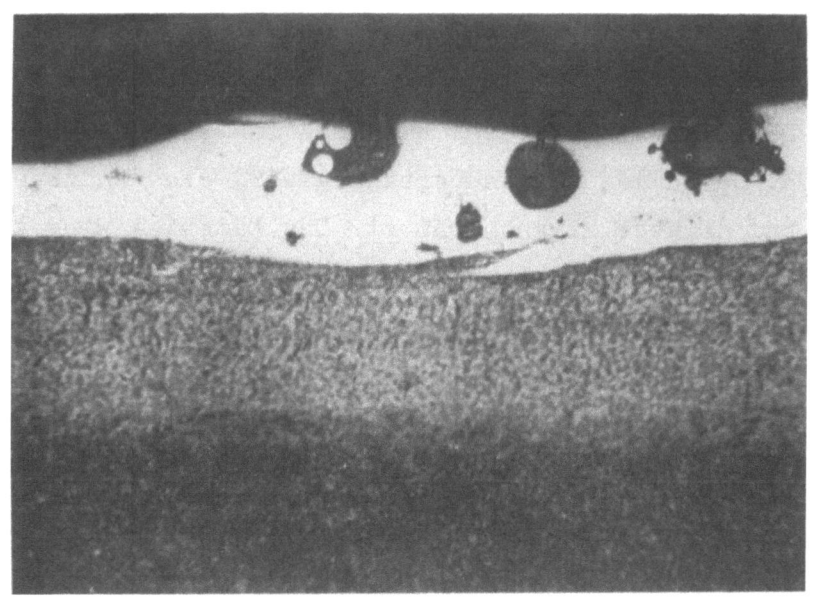

Abbildung 13

Rand- und Umwandlungszone nach der Schruppbearbeitung

Die Randzone zeigt noch keine Struktur, man erkennt jedoch die ungleichmäßige Schichtstärke. Erst nach weiterer Ätzung zeigt sich der ledeburitische Aufbau (Abb.14). Durch Ätzen auf Zementit konnte die Annahme bestätigt werden, daß es sich hier um primäre Zementitkristalle in ledeburitischer Grundmasse handelt. Eine Mikrohärteprüfung nach Vickers

Abbildung 14

Ledeburitgefüge in der Randzone

ergab für die nadelförmigen Primärkristalle eine Härte von 1000 bis 1100 kg/mm^2. Die Entstehung dieser Randzone läßt sich etwa folgendermaßen erklären. Durch den Funkenüberschlag wird die Randzone bis zum Schmelzpunkt und darüber hinaus erhitzt. Das Material wird zum größten Teil nach den Seiten weggeschleudert, wie der beim Einzelüberschlag zu beobachtende ausgeprägte Kraterrand zeigt und erstarrt im Dielektrikum zu kugelförmigen Partikeln (Abb.15).

Der Rest erstarrt jedoch im Kratergrund wieder aus dem Schmelzfluß bzw. kondensiert an anderer Stelle der Werkstückoberfläche. Infolge der hohen Temperaturen und des starken Konzentrationsgefälles - Warmarbeitsstähle haben im allgemeinen einen C-Gehalt bis 0,6% - diffundiert der Kohlenstoffanteil des Dielektrikums in dieses schmelzflüssige Material ein. Unter Umständen wird dieser Prozeß durch das Vorhandensein von freiem Kohlenstoff, der bei der Zersetzung des Arbeitsmediums anfällt, noch gefördert.

 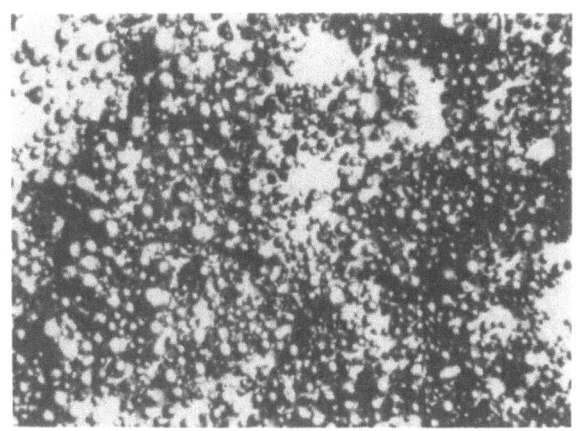

A b b i l d u n g   15

Krater einer Einzelentladung und abgetragene Materialpartikel

Abbildung 16 zeigt einen Querschliff durch die aus dem Dielektrikum abgefilterten Abtragspartikel. Die gleiche Strukturbildung kann die vorher aufgestellte These bestärken, nach der die Randzone mit dem abgetragenen Material identisch sein muß. Stellt man sich nun weiter vor, daß

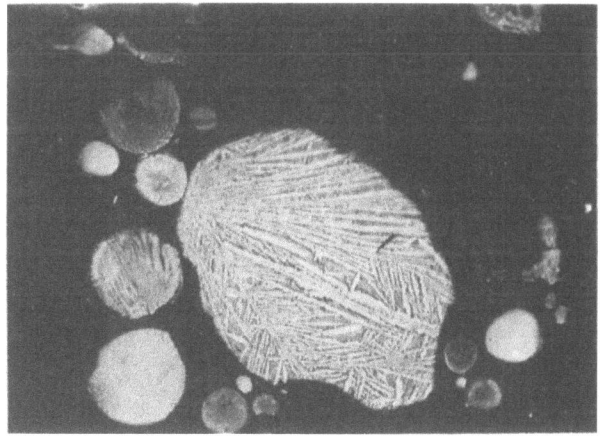

A b b i l d u n g   16

Ledeburitgefüge in den Abtragspartikeln

der Punkt des Funkenüberschlages stets zu einer Stelle kleinsten Abstandes zwischen den Elektroden weiter wandert, so strömt also nach jedem Überschlag die dielektrische Flüssigkeit nach und kühlt also diese Stelle plötzlich ab. Diese Abschreckwirkung verhindert bei der Randzone bzw. den abgetragenen Partikeln eine Kohlenstoffausscheidung in Form von Graphit, und es entsteht nach anfänglicher Ausscheidung von Primär-Fe_3C-Kristallen die metastabile Phase des Eisen-Kohlenstoff-Eutektikums, das Ledeburit.

Der genaue Kohlenstoffgehalt kann hierbei noch nicht angegeben werden, da die Legierungsbestandteile eine geringe Verschiebung des Ledeburitpunktes unter 4,3% bewirken können. Dabei ist neben den Legierungsbestandteilen des Werkstückstoffes auch der Einfluß der in der Randzone beobachteten Kupfereinschlüsse von der Werkzeugelektrode her zu berücksichtigen.

Da während des Arbeitsganges kein anderer Kohlenstoffträger auftritt, muß die starke Aufkohlung durch das Dielektrikum bewirkt werden. Zur Bestätigung wurde ein Stichversuch durchgeführt.

Das Gesenkmaterial wurde mit dem Schweißbrenner auf Schmelztemperatur erwärmt und das abtropfende Material einmal in Sangajol - der dielektrischen Flüssigkeit - zum anderen in Wasser abgeschreckt. Die Abbildungen 17 und 18 zeigen die entsprechenden Querschliffe. Die in Sangajol

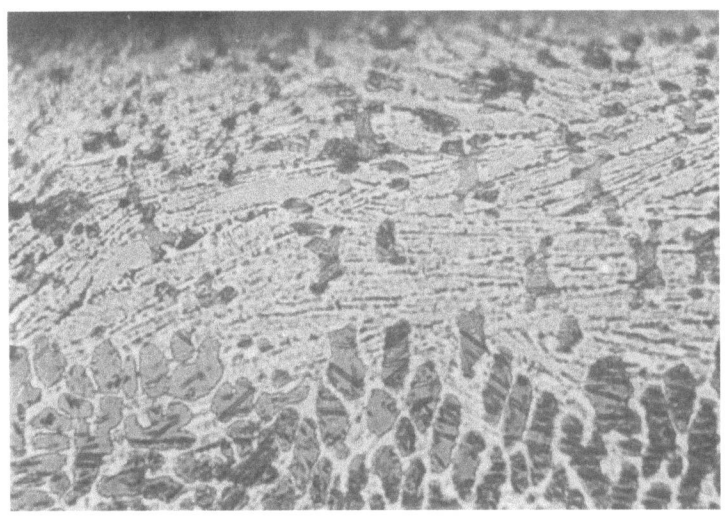

A b b i l d u n g   17

Gefügeausbildung bei Abschreckung in Sangajol

abgeschreckte Probe zeigt am Rand eutektisches Ledeburitgefüge, das im Kern in untereutektische Struktur übergeht. Die in Wasser abgeschreckte Probe weist dagegen durchgehend martensitisches Gefüge auf. Damit ist

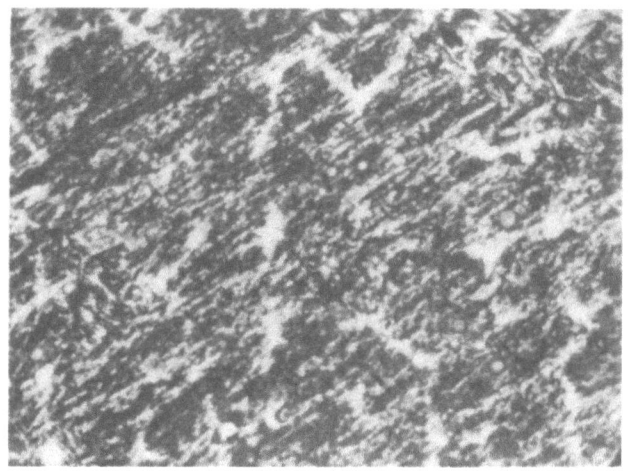

Abbildung 18

Gefügeausbildung bei Abschreckung in Wasser

zunächst gezeigt, daß eine Aufkohlung durch die Schweißflamme nicht stattgefunden hat. Weiterhin läßt sich feststellen, daß die durchgehende Aufkohlung der bis zu 10 mm im Durchmesser messenden Schmelzperlen bereits bei Abschreckung aus dem Schmelzfluß möglich ist. Es läßt sich also vom Gefüge her keine Aussage machen, in welchem Verhältnis das Material der Randzone aus dem Schmelzfluß erstarrt bzw. aus der Verdampfungsphase kondensiert vorliegt.

In einem ähnlichen Fall konnte von HANKE [16] ebenfalls das Auftreten einer ledeburitischen Randzone beobachtet werden. Bei den dort geschilderten Versuchen trat Ledeburit in den Randzonen von "funkengehärteten" Werkzeugen dann auf, wenn als Elektrode ein Kohlestab eingesetzt wurde. Damit wird die starke Aufkohlung bestätigt, nur daß hier als Kohlenstoffträger im Gegensatz zum Arbeitsmedium die Elektrode auftritt.

In den abgefilterten Abtragspartikeln sind stärkere Poren zu beobachten (Abb.19). Es ist anzunehmen, daß es sich hierbei um Gaseinschlüsse aus dem Dielektrikum bzw. dem Wasserstoff, der beim Zerfall des Dielektrikums entsteht, handelt. Außerdem weisen die Poren Einschlüsse von Eisenoxyd-Schlacken auf.

Je nach Energie, Dauer und Aufeinanderfolge der Impulse wird eine weitere Schicht des Werkstoffes bis unterhalb des Schmelzpunkts aufgewärmt. Die dabei auftretende Temperatur sowie die Abschreckgeschwindigkeit ergeben dann eine Gefügeumbildung.

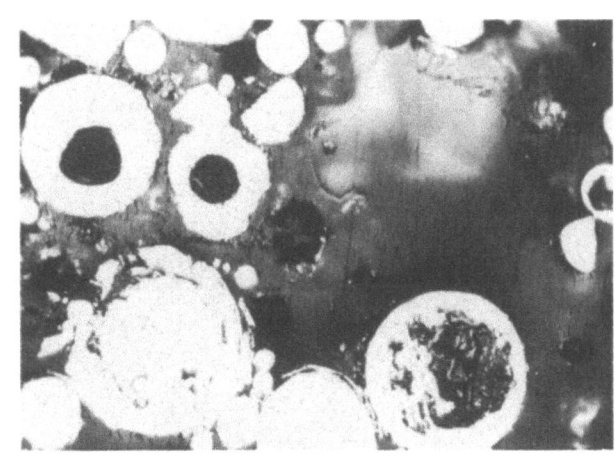

Abbildung 19

Querschliff durch die Abtragspartikel

In Abbildung 20 ist schematisch der Härteverlauf vom Rand aus aufgetragen. Man erkennt die Randzone mit sehr großer Härte. Daran schließt sich ein Abfall zu sehr kleinen Werten an. Hierbei handelt es sich um eine nur wenige μ breite Austenitschicht, deren Vorhandensein jedoch nur bei Oberflächen beobachtet wurde, die mit höchster Impulsenergie bearbeitet worden waren. Daran anschließend folgen Martensit - Troostit - Sorbit und ausgelassenes Grundgefüge, dessen Härte etwas unterhalb der Härte des Ausgangsgefüges liegt.

Die hier aufgeführte Ausbildung der Rand -und Umwandlungszone ist natürlich weitgehend von den Eigenschaften bzw. Legierungselementen des bearbeiteten Werkstoffes abhängig, so daß hier nur qualitative Angaben gemacht werden sollen. Durch gleiche Versuche mit zwei weiteren Warmarbeitsstählen sowie einem unlegierten Kohlenstoffstahl konnte jedoch eine grundsätzliche Übereinstimmung nachgewiesen werden.

Für die Breite der Randzonenausbildung sind mehrere Einflüsse maßgebend. Die folgende Abbildung 21 stellt schematisch den Zusammenhang zwischen Abtragsleistung und Zonenbreite dar. Die Größe der Entladekapazität wurde auf der Abszisse aufgetragen. Die gesamte Abtragsleistung ergibt sich als Produkt aus der Energie bzw. dem Abtrag des Einzelimpulses mit der mittleren Frequenz der Entladungsfolge. Ebenso wie die Abtragsleistung verläuft auch die Zonenbreite nicht proportional der mit steigender Kapazität zunehmenden Impulsleistung. Vielmehr kommt in beiden

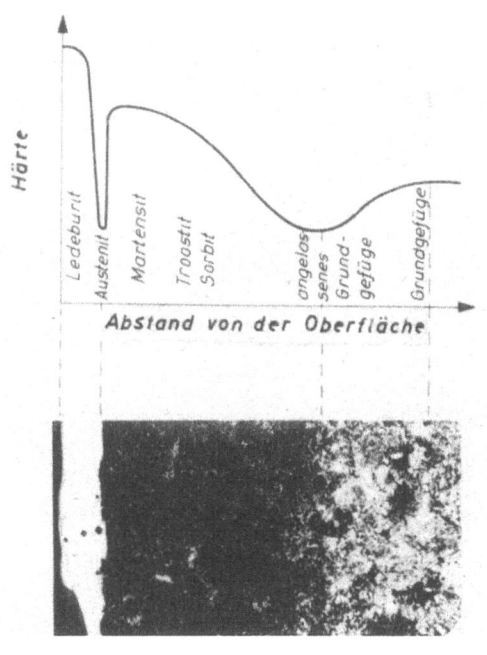

Abbildung 20

Schematischer Härteverlauf in der Oberflächenschicht

Fällen der Einfluß der Impulsfolge durch den Abfall der Kurven zu steigenden Kapazitäten hin zum Ausdruck. Das bedeutet also, daß bei steigender Impulsleistung von einem optimalen Punkt an die geringere Impulsanzahl stärker zum Tragen kommt. Gleichzeitig zeigt die untere Darstellung schematisch die Aufteilung der verschiedenen Bestandteile in der bearbeiteten Oberfläche. Die Randzone ist dabei sehr ungleichmäßig ausgebildet. Die austenitische Zwischenschicht läßt sich nur im Bereich der maximalen Abtragsleistung nachweisen. Zum Schlichtbereich hin nimmt die Beeinflussung dann stark ab. Die in den Abbildungen aufgezeigte Härteverteilung entspricht damit etwa der Zonenaufteilung im Maximum über den Schnitt AB.

3.3 Einfluß der Spülung auf das Arbeitsergebnis

Es ist gleich hier zu bemerken, daß die gezeigten Erscheinungen beim Arbeiten ohne zusätzliche Spülung der Arbeitsstelle beobachtet wurden. Einen Einfluß der Spülung auf die Rauhtiefe konnte bereits AXER [2] nachweisen.

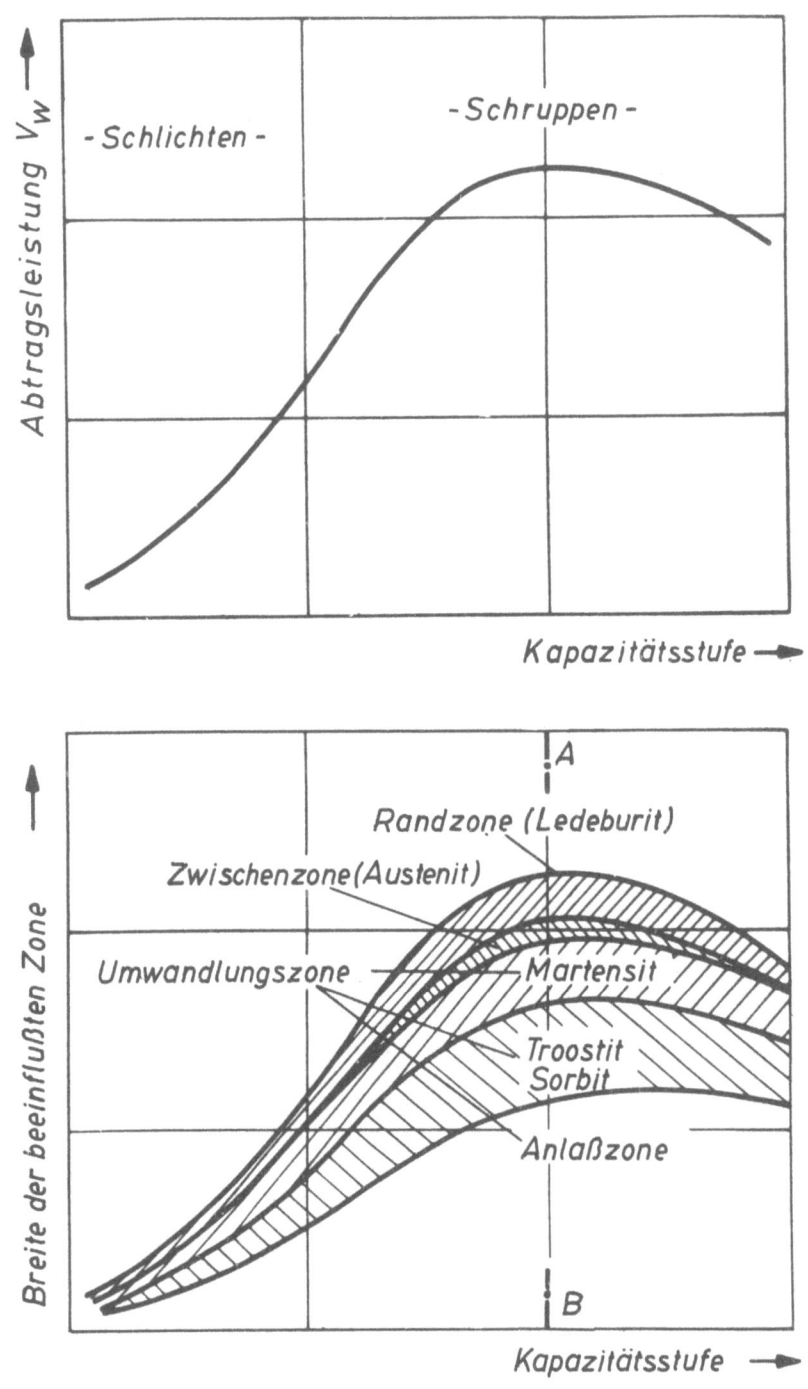

A b b i l d u n g   21

Zusammenhang zwischen Abtragsleistung und Zonenbreite

Betrachtet man die Vorgänge beim Funkenüberschlag, so wird das Arbeitsmedium im Bereich der Entladung verdampft und strömt erst nach der Entladung wieder an die Auftreffstelle des Funkens. Gelingt es nun durch Zuführung des Dielektrikums unter erhöhtem Druck dieses schneller an die Arbeitsstelle zu bringen, so wird die Abkühlungsgeschwindigkeit steigen und die mittlere Erwärmung geringer werden.

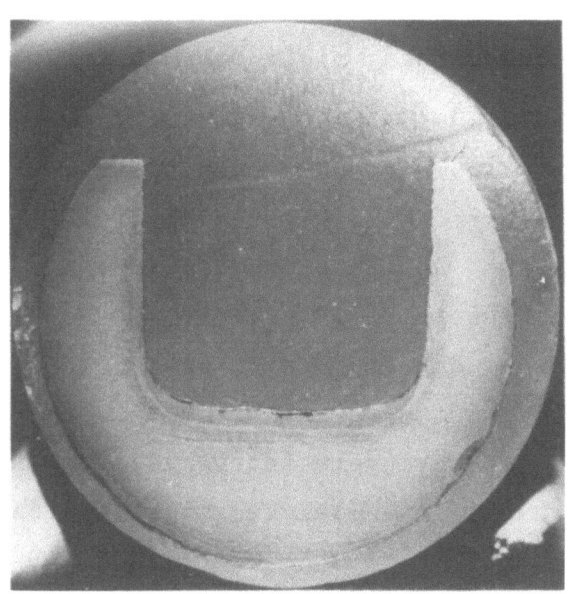 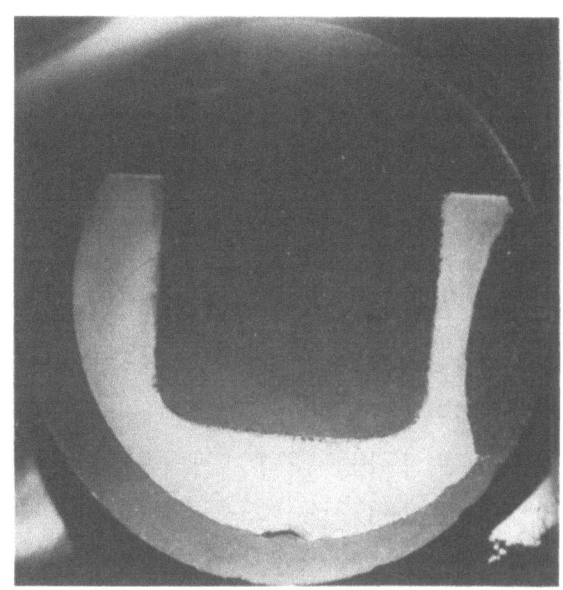

A b b i l d u n g   22

Ausbildung der beeinflußten Zone ohne und mit Spülung

In Abbildung 22 sind zwei Querschliffe durch unter gleichen Bedingungen funkenerosiv eingebrachte Gravuren nebeneinandergestellt. Bei der in der linken Abbildung dargestellten Gravur wurde ohne Spülung gearbeitet, während im zweiten Fall (rechte Abb.) die gesamte Arbeitsfläche gleichmäßig gespült wurde.

Die links, besonders im Bohrungsgrund, deutlich erkennbare beeinflußte Zone ist bei Anwendung der Spülung - rechte Abbildung - sehr schmal geworden. Die eigentliche Randzone ist in beiden Fällen vorhanden, jedoch durch die Spülung schwächer geworden. Vor allem aber hat die Breite der Umwandlungszone stark abgenommen. Der Grund hierfür ist einmal in der bereits ausgeführten geringeren mittleren Erwärmung der Arbeitsfläche zu suchen, zum anderen wird gleichzeitig durch Abführung der Erosionsprodukte und bessere Entionisierung der Funkenstrecke die Bildung von Lichtbögen weitgehend ausgeschaltet. Gleichzeitig ergab sich beim Arbeiten mit Spülung unter Druck eine geringere Abtragsleistung. Dabei ließ sich eine deutliche Abhängigkeit der Leistungsdaten vom Spüldruck beobachten. In Abbildung 23 wurden die Zusammenhänge für das Arbeiten mit durchbohrter Werkzeugelektrode aufgezeichnet. Das Optimum für Abtragsleistung und relativem Werkzeugverschleiß liegt bei etwa 0,1 atü. Daran anschließend fällt die Abtragsleistung steil ab, um bei ca. 1,0 atü - wie auch der Werkzeugverschleiß - einen konstanten Wert zu erreichen, der sich auch bei weiterer Druckerhöhung nicht mehr ändert.

Einen weiteren Einfluß der durch das Arbeitsmedium bedingten Kühlung veranschaulichen die beiden in Abbildung 24 gezeigten Querschliffe. In beiden Fällen ist das durch die Werkzeugelektrode vorgegebene zylindrische Profil einseitig verzerrt. In der linken Abbildung wurde ein einfacher Spülstrahl seitlich gegen den Bohrungseintritt gerichtet. Rechts ergab sich eine ähnliche Ausbildung dadurch, daß die Gravur nahe der Werkstückaußenkante liegt. In beiden Fällen ist also an der Seite, an der eine schnellere Wärmeabfuhr erfolgt, die geringere Abtragsleistung bzw. der erhöhte Werkzeugverschleiß festzustellen. Gleichzeitig ist die beeinflußte Zone schmaler ausgebildet.

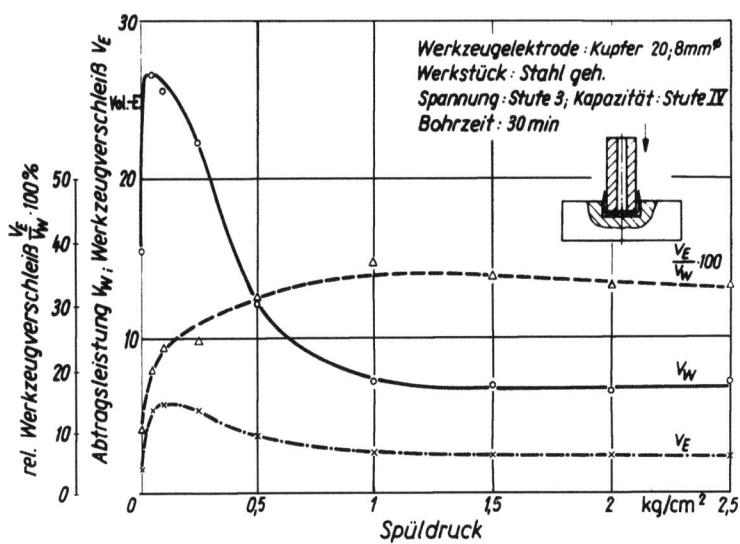

A b b i l d u n g   23
Abhängigkeit der Leistungskennwerte vom Spüldruck

Diese Einflüsse konnten bisher nur für den Schruppbereich untersucht werden, jedoch läßt sich bereits feststellen, daß die zusätzliche Zufuhr von Dielektrikum an die Arbeitsstelle zwar die Oberflächenbeeinflussung vermindert, sich jedoch auf Abtragsleistung und Werkzeugverschleiß auswirkt. Sie ist vor allem auf eine gleichmäßige Zufuhr der Flüssigkeit zu achten, damit Formverzerrungen in der Gravur oder Bohrung vermieden werden.

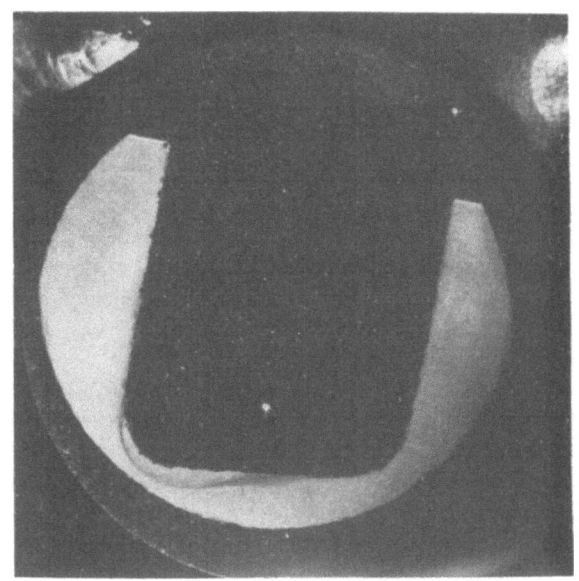
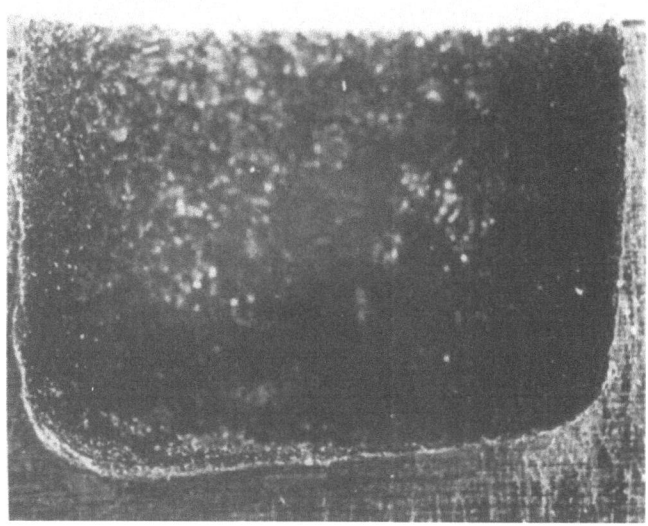

A b b i l d u n g   24

Formverzerrung durch ungleiche Wärmeableitung

3.4 Einfluß der spezifischen Auftreffhäufigkeit

Schließlich sei noch auf die Abhängigkeit der Rand- und Übergangszonenbreite von der Arbeitsfläche bei gleicher Einstellbedingung hingewiesen.

Legt man Mittelwerte für den Durchmesser der Einzelkrater sowie die mittlere Frequenz der Entladungsfolge zu Grunde, so läßt sich die in Abbildung 25 dargestellte Beziehung ableiten. Die Auftreffdichte der Impulse φ an einem Punkt der Arbeitsfläche nimmt mit größer werdender Fläche ab.

$$\varphi = \frac{f_f \cdot F_K}{F_A}$$

f_f = mittlere Frequenz der Entladungsfolge

F_K = Kraterfläche

F_A = Arbeitsfläche

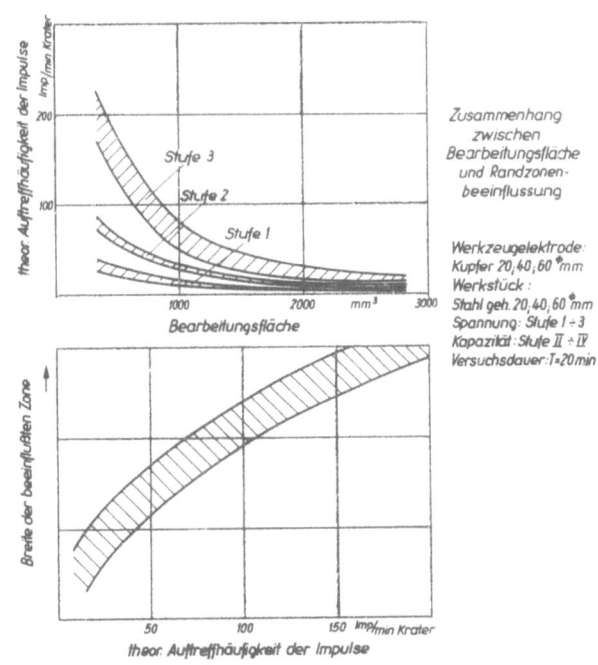

Abbildung 25

Zusammenhang zwischen Auftreffdichte und Zonenbreite

Entsprechend der Auftreffdichte wird sich auch die mittlere Erwärmung der Werkstückoberfläche ändern. Trägt man also die Breite der Umwandlungszone über der theoretischen Auftreffhäufigkeit auf, so ergibt sich der in Abbildung 25 dargestellte Verlauf. Die zunehmende mittlere Erwärmung bewirkt auch eine tiefere Oberflächenbeeinflussung. In diesem Zusammenhang sind interessant die in Abbildung 26 dargestellten Ergebnisse von BÜHLER [17]. Dort konnte analog festgestellt werden, daß die Einhärtungstiefe mit der Vorwärmtemperatur sowie der Einwirkungsdauer in diesem Fall des zur Oberflächenhärtung eingesetzten Brenners ansteigt.

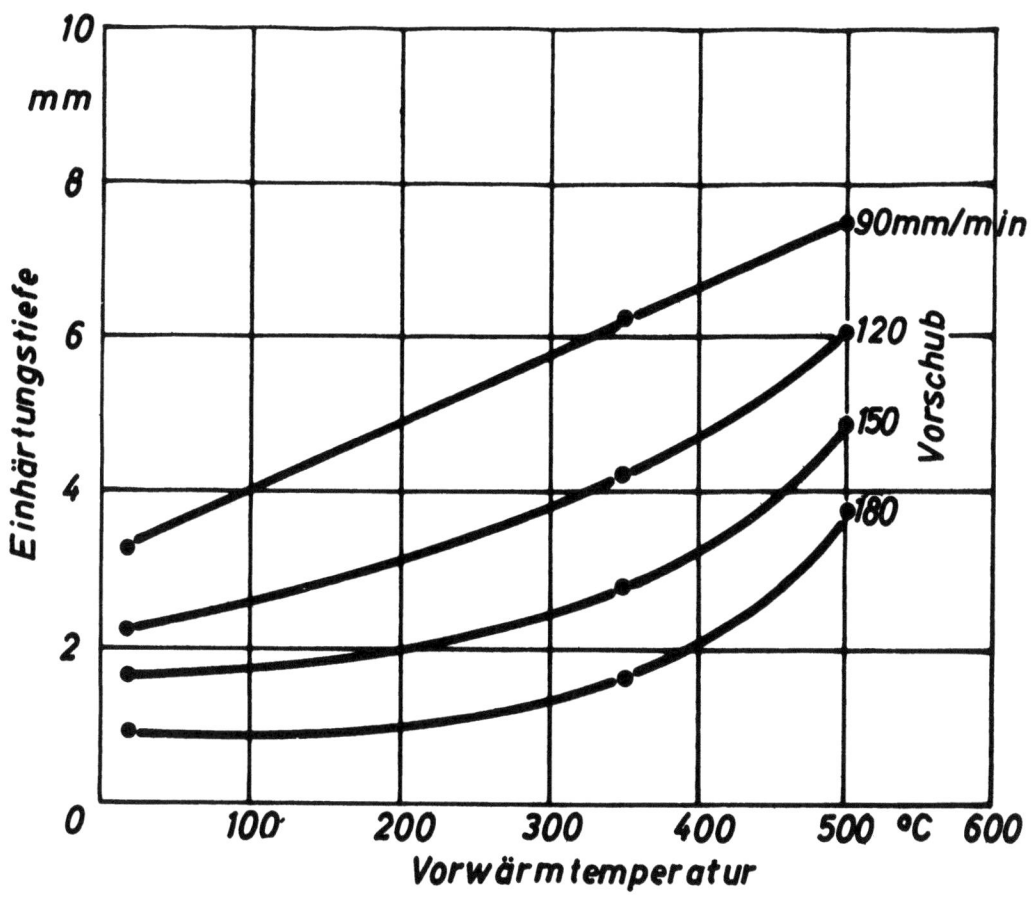

Abbildung 26

Einfluß der Vorwärmtemperatur auf die Einhärtungstiefe bei autogener Oberflächenhärtung (nach BÜHLER)

4. Zusammenfassung

Unter dem Gesichtspunkt der Herstellung und Anwendung von Werzeugelektroden zur funkenerosiven Bearbeitung wurden verschiedene Werkstoffe untersucht und zweckmäßige Wege zur Gestaltung der Werkzeuge aufgezeigt.

Vom Werkstück her ist dessen Anwendung sehr von der Ausbildung der bearbeiteten Oberfläche abhängig. Hier ist die thermische Beeinflussung von ausschlaggebender Bedeutung. Die in der Randzone funkenerosiv bearbeiteter Warmarbeitsstähle auftretenden temperaturbeeinflußten Zonen wurden unterschieden und Einflußgrößen für Art und Breite dieser Zonen untersucht. Die Untersuchungen zeigten, daß vor allem die Spülung auf diese Erscheinungen einen wesentlichen Einfluß hat.

II. Die Bearbeitung von Hartmetallwerkzeugen durch funkenerosives Senken

1. Einleitung

Um den Bedürfnissen der modernen Technik zu entsprechen, wurden Werkzeugstoffe entwickelt, deren technologische Eigenschaften eine immer höhere Beanspruchung zuließen. Die spangebende Formgebung dieser verschleißfesten oder warmfesten Werkstoffe stellt dabei in der Fertigung oft ein schwieriges Problem dar. In besonderem Maße trifft dies für die mechanische Bearbeitbarkeit von Hartmetallen zu. Diese ließen sich bisher nur zufriedenstellend im Schleifvorgang mit Silizium-Karbid- und Diamant-Scheiben bearbeiten. Dabei ist die Arbeitsoperation des Schleifens nicht generell anwendbar und bleibt nur auf einfache Formen und vorwiegend auf die Außenbearbeitung beschränkt.

Hier haben heute elektrische Bearbeitungsverfahren die Bearbeitungsprobleme in weitestgehendem Maße gelöst, und es hat sich dadurch ein breites Anwendungsgebiet für diese Verfahren ergeben. Vor allem konnten mit dem Funkenerosionsverfahren gute Ergebnisse erzielt werden, wie dies aus zahlreichen Veröffentlichungen bekannt ist [1-4]. Der Einsatz von Hartmetall im Werkzeugbau ist somit durch die Entwicklung des funkenerosiven Bearbeitungsverfahrens stark gefördert worden. Vor allem wurde dadurch der Forderung nach immer höherer Standzeit der Werkzeuge in der Massenfertigung entsprochen.

Die materialabtragende Wirkung elektrischer Entladungen wird bei dem Funkenerosionsverfahren benutzt, leitenden Werkstoffen eine beliebige Form zu geben. Die nachstehenden Abbildungen zeigen einige Arbeitsproben, die durch funkenerosives Senken hergestellt wurden. Hierbei handelt es sich insbesondere um Beispiele, die die Abbildungsgenauigkeit des Verfahrens demonstrieren sollen.

Die Bearbeitung der Werkzeugstoffe erfolgte dabei auf einer Funkenerosionsmaschine für die Feinbearbeitung mit einer Anschlußleistung von 500 W. Im Gegensatz zu den funkenerosiven Gesenk-Bearbeitungsmaschinen mit weit größeren Leistungswerten ist dieser Typ niedriger Anschlußleistung hinsichtlich seiner Auslegung für die Hartmetall-Bearbeitung besonders geeignet. Die Unterschiede liegen in der Impulsform, in einer sehr feinfühlig arbeitenden Abstandsregelung, um einen möglichst kleinen Bearbeitungsspalt einzuhalten, und im mechanischen Aufbau der Maschine [5,6].

Die auf der Versuchsmaschine gewonnenen Arbeitsproben wurden durch funkenerosives Senken hergestellt. Der Werkstoff wurde also durch die Einwirkung von Funkenentladungen abgetragen. Bei einem Vergleich zwischen Lichtbogen und Funkenverfahren hat es sich gezeigt, daß es nur mittels Funkenentladung möglich ist, das Elektrodenprofil mit genügender Genauigkeit als negative Form im Werkstück abzubilden. Unter elektroerosivem Senken versteht man diejenigen Bearbeitungsvorgänge, bei denen die Werkzeugelektrode in Richtung des Arbeitsfortschrittes nachgestellt wird. Handelt es sich um Vorgänge zur Herstellung von Durchbrüchen gleichen oder veränderlichen Querschnittes (Abb. 27-30), so ist dieser Vorgang

A b b i l d u n g   27

Schnittplatte und Paßstück eines hartmetallbestückten Folgeschnitt-Werkzeuges

mit "elektroerosivem Bohren" benannt; entsprechend wird der Vorgang bei der Herstellung von Raumformen (Abb. 31 und 32) mit "elektroerosivem Gravieren" bezeichnet [7]. Es ist bekannt, daß die Kinematik konventioneller Bearbeitungsverfahren auf die des erosiven Arbeitsprozesses übertragen werden kann. Man gelangt dann zu Verfahren, die bei der Elektroerosion z.B. mit "elektroerosivem Schleifen" benannt sind [8].

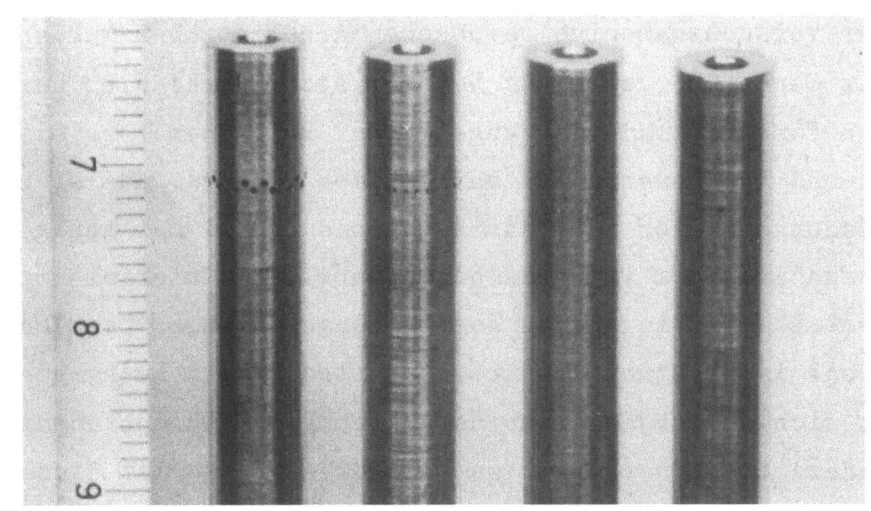

Abbildung 28
Feinbohrungen in V 4 A - Sonden

Abbildung 29
Reduzierkopf-Werkzeuge

Abbildung 30
Hartmetall-Ziehstein

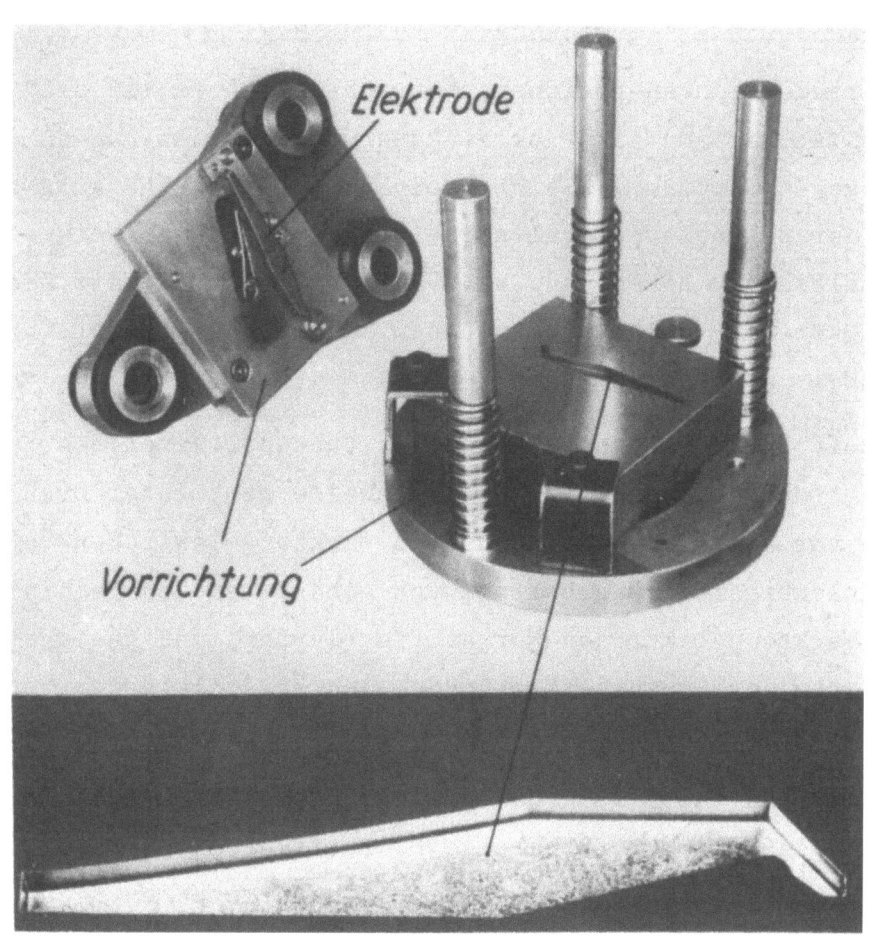

A b b i l d u n g   31

Preßform für Kunststoffteile
Material: Stahl CNKZ

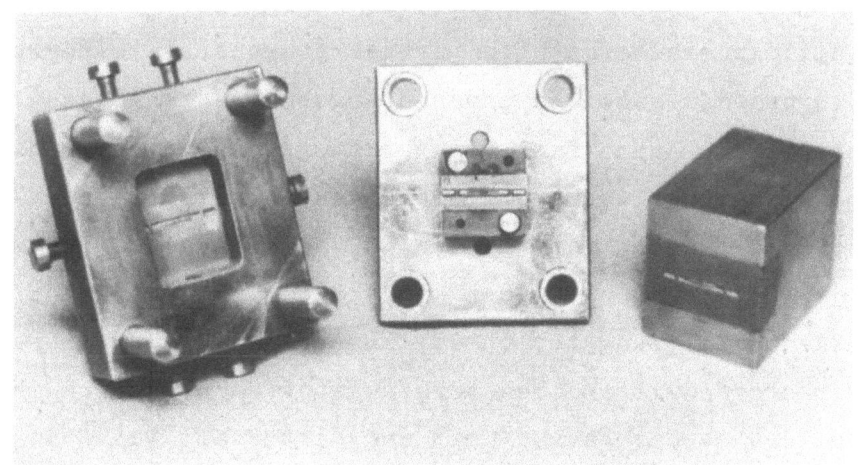

A b b i l d u n g   32

Hartmetall-Schlagmatrizen

1.1 Wahl geeigneter Werkzeugelektroden-Werkstoffe

Die Eigenart des Funkenerosionsverfahrens bringt es mit sich, daß einem erwünschten Abtrag am Werkstück ein unerwünschter Abtrag an der Werkzeugelektrode gegenübersteht. Die erreichbare Abbildungsgenauigkeit hängt außer von der Bearbeitungsspaltgröße von der Höhe des Werkzeugelektrodenverschleisses in hohem Maße ab. Damit wird der Einsatz geeigneter Werkzeugelektroden-Werkstoffe zu einem maßgebenden Faktor für die Wirtschaftlichkeit des Verfahrens.

Der Werkstoff Hartmetall setzt auch der funkenerosiven Bearbeitung höheren Widerstand entgegen als beispielsweise gehärteter Stahl. Dies zeigt sich vor allem in einem erhöhten Werkzeugelektroden-Verschleiß. Bei der funkenerosiven Bearbeitung von gehärteten Stählen ist es durch geeignete Werkzeugelektroden-Werkstoffe (Kupfer) und geeignete elektrische Auslegung der Maschinen gelungen, den Verschleiß der Werkzeugelektrode stark herabzusetzen.

Die Praxis der Hartmetallbearbeitung durch funkenerosives Senken hat nun ergeben, daß eine profilhaltige Bearbeitung mit den für die Stahlbearbeitung verwendeten Werkzeugelektroden-Werkstoffen nicht in jedem Fall möglich ist. Der Einfluß des Werkzeugelektroden-Verschleisses wird bei funkenerosivem Gravieren stärker in Erscheinung treten als bei funkenerosivem Bohren, wo er sich meistens als Längenabbrand des Werkzeuges auswirkt. Im letzten Fall können die bisher üblichen Werkstoffe, wie z.B. Kupfer, mit Erfolg eingesetzt werden.

Zur Herstellung beliebiger Raumformen in Hartmetall hat es nicht an Versuchen gefehlt, andere Werkstoffe für die funkenerosive Bearbeitung zu testen. Auf Grund der dabei gewonnenen Ergebnisse kann gesagt werden, daß die bestmögliche Ausnutzung von Werkstoffkonstanten im Hinblick auf einen möglichst geringen Verschleiß des Werkstoffes bei Verbundkörperwerkstoffen gegeben ist. In den folgenden Abschnitten wird daher näher über die Untersuchung an und mit Verbundkörperwerkstoffen verschiedener Zusammensetzung berichtet. In Abbildung 33 werden zwei Verbundkörperwerkstoffe mit anderen Werkzeugstoffen bezüglich ihres Verschleißverhaltens in der Paarung mit der Hartmetall-Qualität G 2 verglichen. Das Verhältnis von Werkzeugelektroden-Verschleiß zu Werkstoffabtrag, der sogenannte relative Werkzeugelektroden-Verschleiß V_E/V_W, nimmt in Abbildung 33 für Kupfer-Wolfram je nach Zusammensetzung Werte

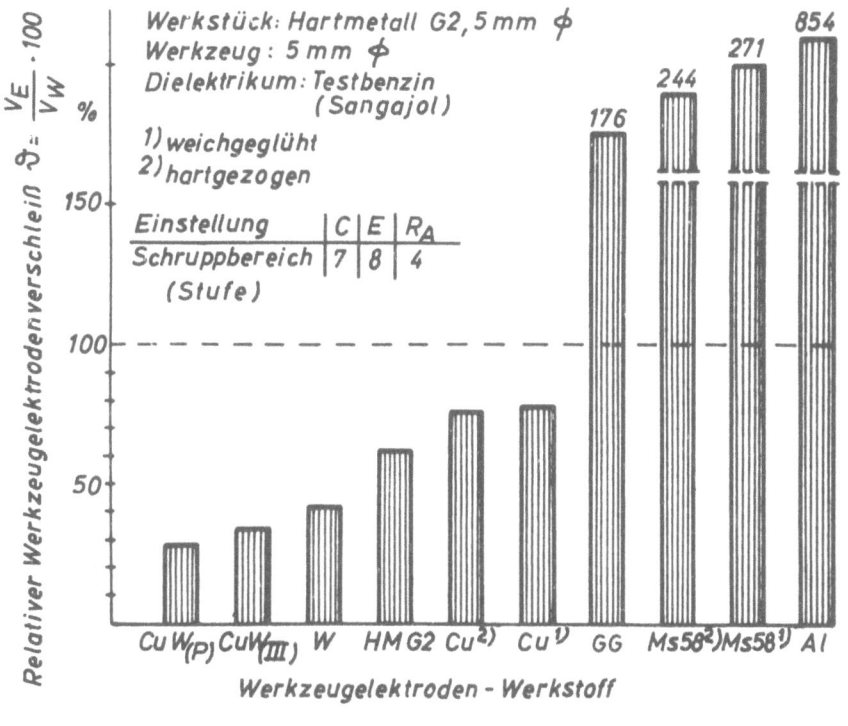

Abbildung 33

Rangfolge für den relativen Werkzeugelektroden-Verschleiß bei der funkenerosiven Bearbeitung von Hartmetall G 2

von 28 und 32% an. Mit der Angabe dieses Wertes ϑ ist ein Maß für die Abbildungsgenauigkeit eines Elektrodenprofils im Werkstück gegeben. Es folgen dann mit höheren Verschleißwerten die Werkstoffe Wolfram, Kupfer hart gezogen und Kupfer weich geglüht. Gußeisen und Messing, die unter bestimmten Voraussetzungen bei der Stahlbearbeitung günstig einzusetzen sind, entfallen für die Hartmetallbearbeitung völlig, da ihr relativer Werkzeugelektroden-Verschleiß im Bereich der negativen Erosion liegt. Es ist ohne weiteres verständlich, daß insbesondere bei Feingravuren in Hartmetall-Werkzeugen dem relativen Werzeugelektrodenverschleiß die größte Bedeutung zukommt. Die Höhe des Werkstoffabtrages ist erst an zweiter Stelle zu betrachten, wenn man von der Voraussetzung ausgeht, daß die üblicherweise in Hartmetall einzubringenden Raumformen von kleiner Dimension sind. Der zeitliche Aufwand steht zu Gunsten einer guten Maßhaltigkeit bei Verwendung des verschleißfesteren Werkstoffes zurück. In Abbildung 34 ist analog zu Abbildung 33 die Rangfolge der untersuchten Werkzeugelektroden-Werkstoffe bezüglich der Höhe des zu erzielenden Werkstoffabtrages zusammengestellt. Die Werkstoffe HM G 2, Cu W, Ms 58

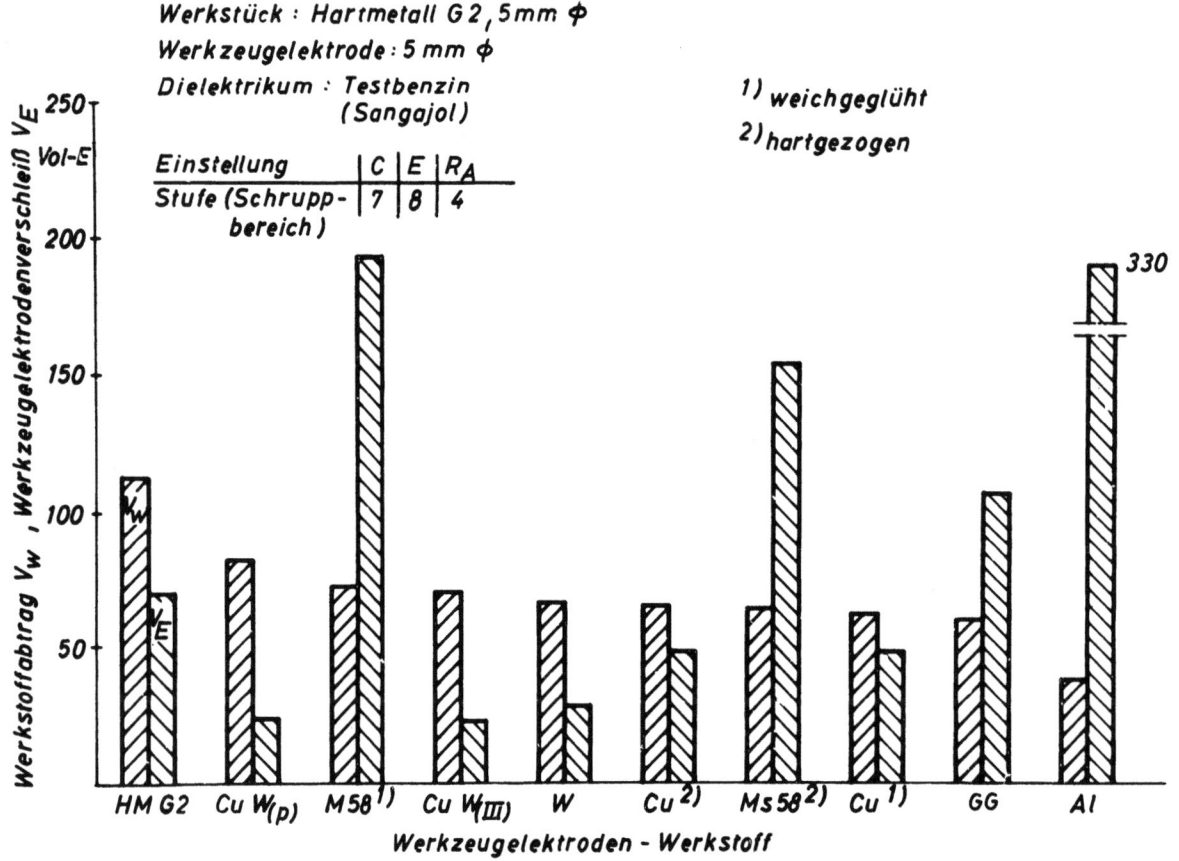

Abbildung 34

Rangfolge für den Werkstoffabtrag bei der funkenerosiven Bearbeitung von Hartmetall G 2

W und Cu ergeben in der genannten Reihenfolge noch einen annehmbaren Werkstoffabtrag; Gußeisen und Aluminium scheiden jedoch auch hier wegen des zu geringen Werkstoffabtrages aus. Der hohe Werkzeugelektrodenverschleiß bei den Werkstoffen GG, Ms 58 und Al ist in dieser Darstellung ebenfalls deutlich zu erkennen. Durch diese Versuchsreihe sollte gezeigt werden, daß Verbundkörperwerkstoffe als Werkzeugelektroden-Werkstoff für die funkenerosive Hartmetallbearbeitung günstig einzusetzen sind. Es lag daher nahe, diese Werkstoffe genauer zu untersuchen und die für die Funkenerosion günstigsten Eigenschaften festzulegen.

1.11 Das Verschleißverhalten von Verbundkörperwerkstoffen

Die untersuchten Verbundkörperwerkstoffe weisen in der Hauptsache zwei Komponenten auf, die sich legierungsmäßig nicht miteinander verbinden lassen. Diese Stoffe müssen daher auf dem Sinterwege zusammengebracht werden. Für die Wahl der Komponenten war die Forderung ausschlaggebend, einen im Verhältnis niedrigschmelzenden Werkstoff von guter elektrischer und thermischer Leitfähigkeit und eine hochschmelzende Komponente zusammenzufügen. Letztere wird, je nach Volumenanteil, als festes Skelett oder zusammenhanglos von der niedrigschmelzenden Komponente ausgefüllt oder in diese eingebettet. Ein diesen Bedingungen entsprechender Werkstoff ist beispielsweise Kupfer-Wolfram.

Erfahrungsgemäß steigt die Widerstandsfähigkeit gegen mechanische Beanspruchung (z.B. Auftupfen der Elektrode bei Schwingkopfbewegung) und gegen die Erosion durch Lichtbogen- und Funkeneinwirkung bei Werkstoffen mit großen Kohäsionskräften an. Dies ist bei Werkstoffen der Fall, die eine große Dichte, Härte und einen hohen Schmelzpunkt aufweisen. Ein diesen Anforderungen entsprechender Werkstoff ist Wolfram.

Die Werkstoffe Kupfer und Silber erfüllen dagegen die vorher genannten Bedingungen nach guter elektrischer und thermischer Leitfähigkeit bei niedrigliegendem Schmelzpunkt in unlegierter Form am besten. Die Leitfähigkeit erschmolzener Legierungen des Kupfers und Silbers sind demgegenüber grundsätzlich erheblich schlechter. Aus diesem Grunde weisen Verbundkörperwerkstoffe, deren Komponenten sich untereinander nicht legieren, erheblich bessere Leitfähigkeiten auf. Sie sind daher, wie sich noch zeigen wird, für die funkenerosive Bearbeitung, insbesondere von Hartmetall, besonders günstig einzusetzen.

Die Abbildungen 35 und 36 zeigen das angeätzte Grundgefüge eines derartigen Verbundkörperwerkstoffes; in Abbildung 35 einmal mit einem hohen Anteil der niedrigschmelzenden Komponente (Cu), in Abbildung 36 dagegen mit einem niedrigen Kupferanteil und damit mit einem festverbundenen Skelett der hochschmelzenden Komponente (W).

Für die Wahl der hochschmelzenden Komponente Wolfram sind jedoch auch noch andere Erscheinungen bei der Funkenerosion maßgebend. Diese ergaben sich aus der Untersuchung der Randzone von Kupfer-Wolfram-Werkzeugen nach ihrem Einsatz. Abbildung 37 zeigt eine Röntgenfeinstruktur-Aufnahme der Randzone von zwei Kupfer-Wolfram-Proben, einmal vor der Einwirkung durch Funkenüberschlag, einmal nach dem Einsatz als Werkzeugelektrode.

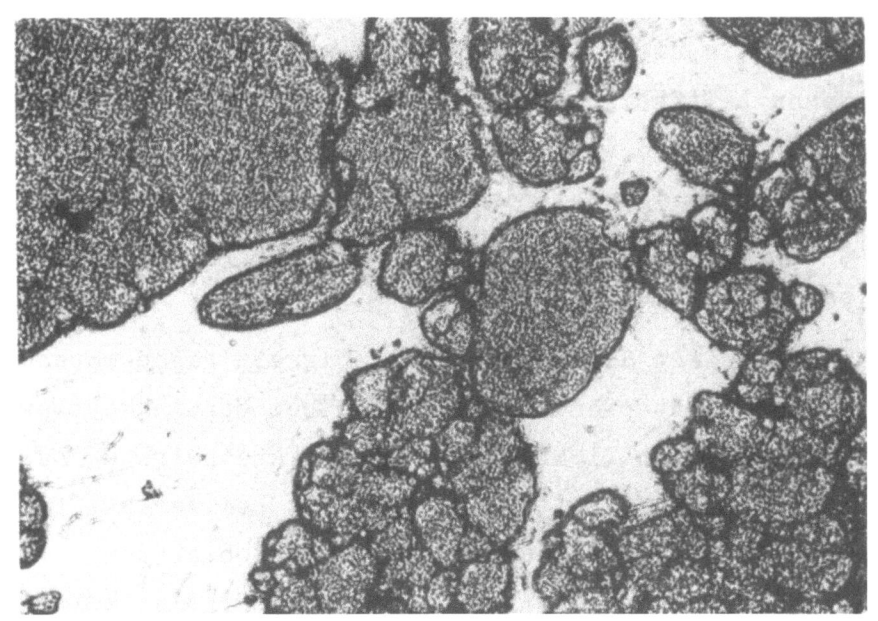

A b b i l d u n g   35

Kupfer-Wolfram, Charge II,4, Grundgefüge, V = 300 : 1,
Ätzung: H_2O_2 + Ammoniak

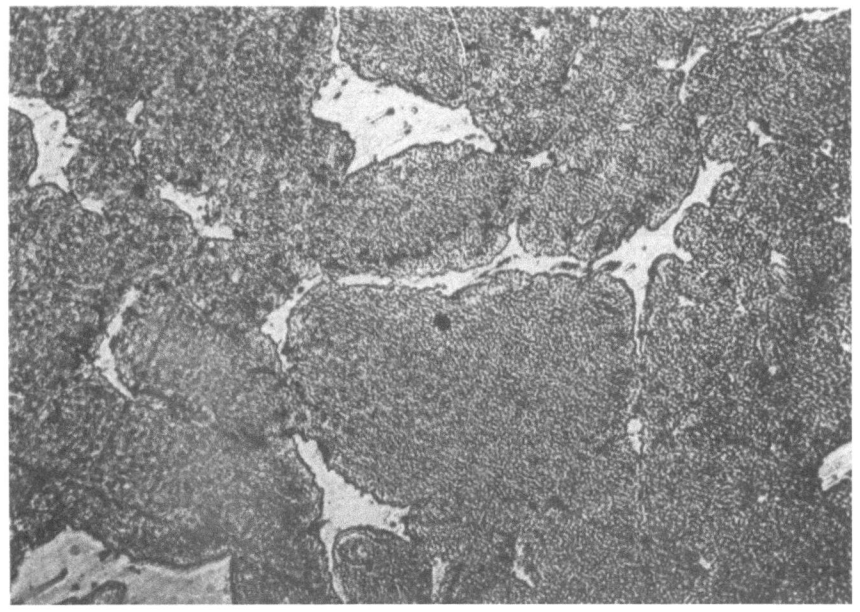

A b b i l d u n g   36

Kupfer-Wolfram, Charge II,3, Grundgefüge, V = 300 : 1,
Ätzung: H_2O_2 + Ammoniak

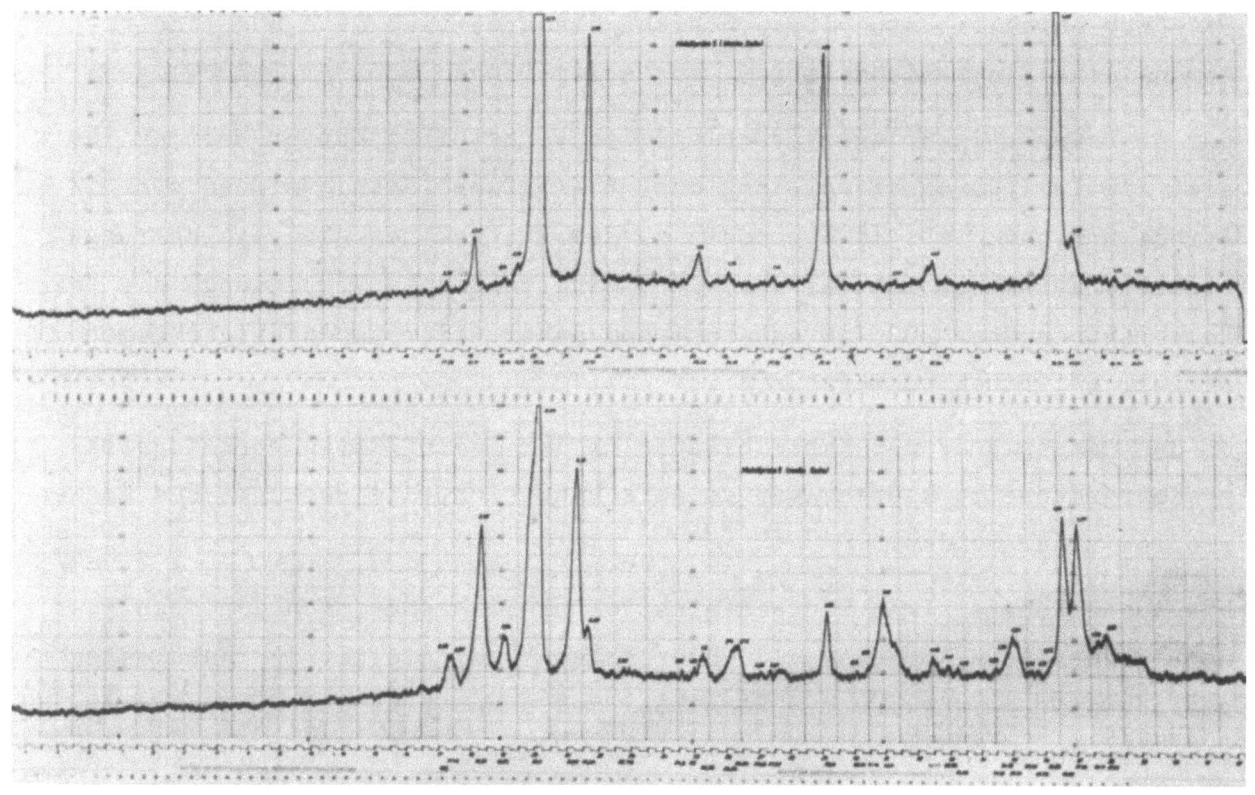

Abbildung 37

Röntgenfeinstruktur-Diagramm der Randzone zweier CuW-Proben
(oben unbeeinflußt); (unten: beeinflußt)

Die Diagramme geben die Netzebenenabstände der in der Oberfläche vorhandenen Verbindungen wieder. Gleichzeitig ist durch Angabe der den Netzebenenabständen zugehörigen Intensitäten die ungefähre Menge des vorhandenen Stoffes abzuschätzen. An dieser Stelle soll nur das qualitative Ergebnis der Auswertung der Diagramme für den Winkelbereich von $2\Theta = 2$ bis $84°$ angeführt werden. Die den Winkeln zugehörigen Netzebenen wurden einem Katalog entnommen und an Hand einer Röntgenkartei, die die Netzebenenabstände der Haupt- und Neben-Intensitäten aufweist, den entsprechenden vorhandenen Stoffen zugeordnet [9,10].

Als belegte Linien zeigte die polierte Probe (Abb. 37 oben) die Netzebenenabstände von Kupfer und Wolfram. Dies entspricht dem unbeeinflußten Grundgefüge, das im Schliff Wolfram-Koagulationen erkennen läßt, die von Kupfer-Säumen als Binder umschlossen sind. Aus den Reaktionen in der Randzone der beeinflußten Probe (Abb. 37 unten) resultierte, daß sich eine dünne Schicht ausbildet, die vornehmlich das Doppelkarbid

α - W_2C enthält. Durch diese Schicht hindurch ließ sich noch das ursprüngliche Elektrodenmaterial, vor allen Dingen Wolfram, nachweisen.

Der überraschend geringe Verschleiß des Werkstoffes Kupfer-Wolfram läßt sich zum Teil durch die Bildung des α - W_2C erklären, welches sehr spröde und hart ist. Im Gegensatz zu dem WC, welches eine Einlagerungsstruktur aufweist, ist das α - W_2C eine chemische Verbindung, die bei Temperaturen über 2000° C entsteht und daher widerstandsfähiger gegen Zerfall bei hohen Temperaturen ist [11,12].

Um den Mechanismus der Karbidbildung in der beeinflußten Werkzeugelektrodenrandzone zu klären, war es aufschlußreich, die Herkunft des Kohlenstoffes zu ergründen.

Die Auswertung einiger Röntgenfeinstruktur-Diagramme nach der oben beschriebenen Weise brachte auch hier Ergebnisse, die mit den Resultaten gleichzeitig durchgeführter Verschleißmessungen eine gute Übereinstimmung ergaben.

Bei der Röntgenfeinstrukturuntersuchung wurde die Auswertung mit dem Ziel vorgenommen, eine mögliche Karbid- oder Doppelkarbidbildung in der beeinflußten kathodenseitigen Randzone nachzuweisen. Die leistungsmäßige Auswertung sollte dazu dienen, die Höhe des Werkzeugelektrodenverschleisses bei den einzelnen Versuchsbedingungen zu erfassen.

Die einzelnen Versuche unterschieden sich in der Art des verwendeten Dielektrikums, indem einmal ein Kohlenwasserstoff (Testbenzin), zum anderen ein kohlenstofffreies Medium (destilliertes Wasser) eingesetzt wurde.

Als Ergebnis der Untersuchung kann zusammengefaßt werden, daß die Einlagerung des Kohlenstoffes (α- W_2C) in die Werkzeugelektrodenrandzone des Verbundkörperwerkstoffes mit Sicherheit aus dem Dielektrikum erfolgt. Versuche mit kohlenstofffreier dielektrischer Flüssigkeit (destilliertes Wasser) und kohlenstofffreiem Werkstückstoff (Wolfram) ergaben, daß die Komponenten Cu und W des Verbundkörperwerkstoffes sich nachweisen ließen, nicht aber die besprochene Karbidbildung. Gleichzeitig durchgeführte Verschleißmessungen ergaben unter diesen Bedingungen einen Anstieg des Werkzeugelektrodenverschleisses. Damit konnte die Bedeutung der sich ständig erneuernden α - W_2C - Zone hinsichtlich des Verschleißverhaltens des Werkstoffes unterstrichen werden.

Die Frage, ob bei der Bearbeitung von Hartmetallen unter kohlenstofffreiem Dielektrikum die gleichen Reaktionen in der Randzone der Werkzeugelektrode stattfinden, wie beim Einsatz eines kohlenstoffreien Werkstückes (Wolfram), kann nicht mit Sicherheit bejaht werden. Eine Karbidbildung war hier auf Grund der gemessenen Intensitäten nicht eindeutig nachzuweisen. Wahrscheinlich wird der bei der Temperaturbeeinflussung von der Hartmetallseite her anfallende freie Kohlenstoff nicht genügen, um eine elektrodenseitige Reaktion einzuleiten.

Das Verschleißverhalten einer Reihe Verbundkörperwerkstoffe mit verschiedenen Komponentenanteilen und Teilchengrößen der hochschmelzenden Komponente wurde im Abtragsversuch ermittelt. In Abbildung 38 ist ein Leistungsschaubild für eine CuW-Charge unter optimalen Einstellungen der Maschine wiedergegeben.

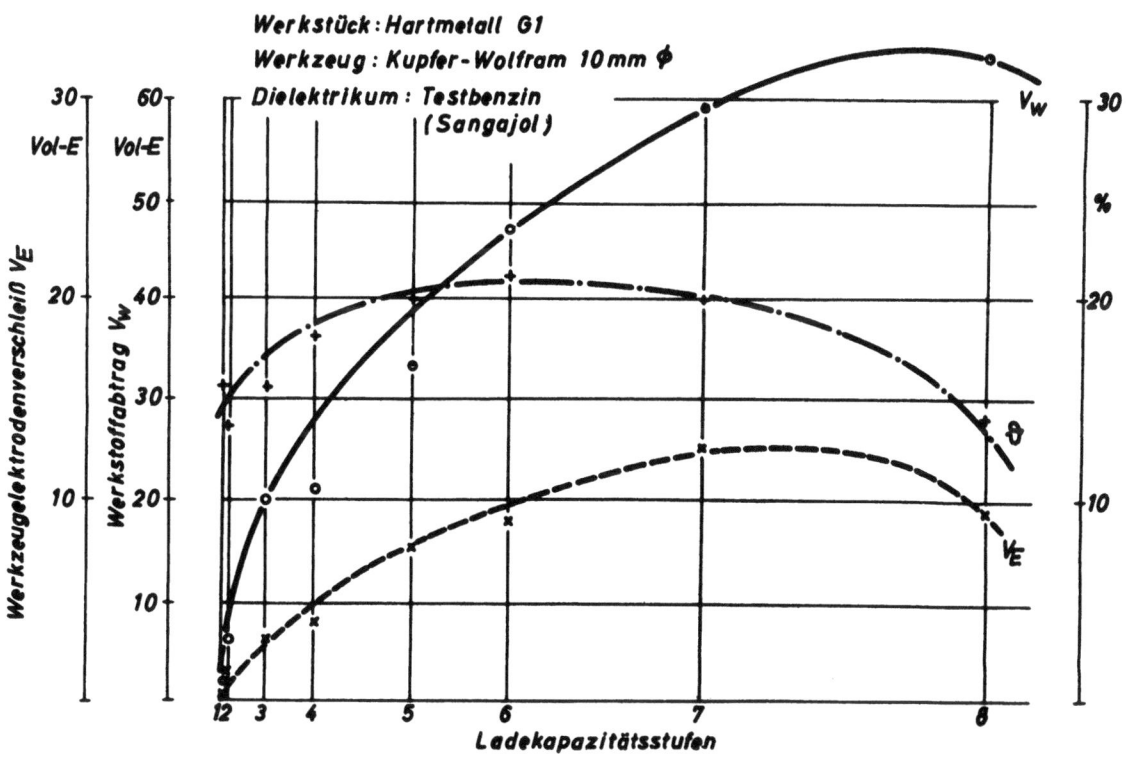

Abbildung 38

Mechanische Leistungsgrößen V_E, V_W, V_E/V_W in Abhängigkeit von den Ladekapazitätsstufen einer Funkenerosionsmaschine niedriger Eingangsleistung

Die Kurve für den Werkstoffabtrag V_W läßt einen Anstieg mit wachsender Energie des Überschlages erkennen. Unter Ladekapazitätsstufe 8 - der eine optimale Einstellung der Speisespannung E, des Widerstandes R_A im Aufladekreis und der Ladedrossel L_A entspricht - besitzt der Werkstoffabtrag einen maximalen Wert. Der relative Werkzeugelektrodenverschleiß $\vartheta = V_E/V_W$ nimmt vom Schlichtbereich aus steigende Werte an und besitzt etwa im mittleren Schruppbereich unter Stufe 6 den maximalen Wert (etwa 22%).

Bei allen untersuchten Verbundkörperwerkstoffen und Einzelkomponenten blieb die in Abbildung 38 gezeigte Tendenz des Kurvenverlaufes erhalten. Nur die Absolutwerte unterschieden sich zum Teil recht erheblich. Eine Zusammenfassung dieser Messungen ist in Abbildung 39 wiedergegeben.

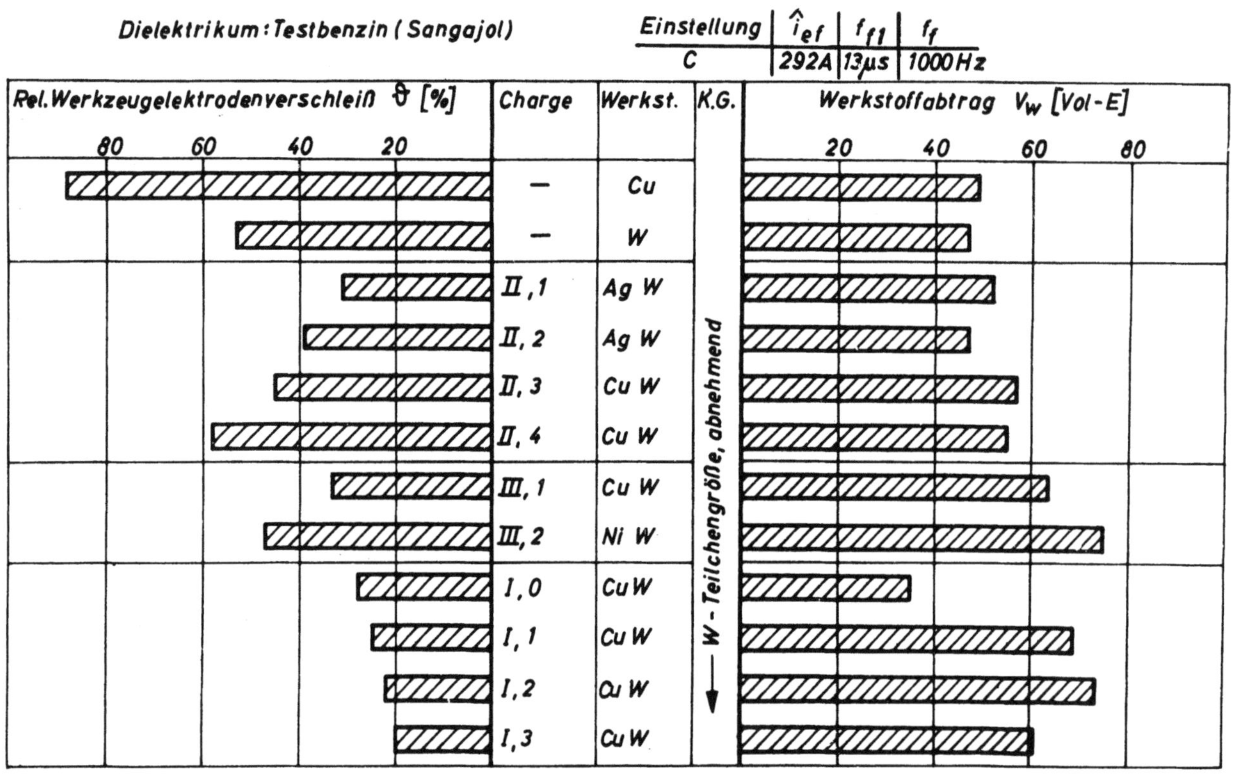

Abbildung 39

Leistungsvergleich untersuchter Verbundkörperwerkstoffe und Komponenten bei der Bearbeitung von Hartmetall G 1

Der relative Werkzeugelektrodenverschleiß und der Werkstoffabtrag V_W sind hier für eine konstante Einstellung nach abnehmender Wolfram-Teilchengröße geordnet aufgetragen. Die gewählte Einstellung entspricht der Ladekapazitätsstufe 7 des mittleren Schruppbereiches.

Als Ergebnis kann in Abbildung 39 abgelesen werden, daß sich bei den untersuchten Chargen der relative Werkzeugelektrodenverschleiß mit abnehmender Wolfram-Teilchengröße verringert. Er besitzt bei der Probe CuW (Charge I,3) einen Wert von 20%.

Sehr aufschlußreich ist nach dem vorher Gesagten die Betrachtung der Leistungswerte für die Einzelkomponenten Kupfer und Wolfram.

Die Komponente Kupfer von hoher elektrischer Leitfähigkeit (56 m/Ω mm^2) und niedrigem Siedepunkt (2560° C/760 Torr) zeichnet sich demnach in der mittleren Schruppbedingung und in der Paarung mit HM G1 durch einen verhältnismäßig hochliegenden relativen Werkzeugelektrodenverschleiß aus (88%). Dagegen liegt die Wolfram-Komponente mit geringer elektrischer Leitfähigkeit (18 m/Ω mm^2) und hohem Siedepunkt (5000° C/760 Torr) bei gleicher Bedingung bei einem V_E/V_W von 54%. Der Werkstoffabtrag weist im Vergleich jedoch nur eine geringe Änderung auf.

Die Leistungswerte der untersuchten Verbundkörperwerkstoffe liegen dagegen erheblich besser, und zwar je nach Teilchengröße der hochschmelzenden Komponente und den Komponenten-Anteilen bei etwa 20%. Dieser Wert dürfte vorerst für die Schruppbearbeitung von Hartmetallen als äußerst günstig angesehen werden. Bezüglich der Zusammensetzung der untersuchten Werkstoffe ist zu sagen, daß etwa bei gleichen Gewichtsanteilen der Komponenten sich die für die Erosion von Hartmetall günstigsten Werte ergaben.

Die spanende Bearbeitung ist unter diesen Umständen ebenfalls leicht vorzunehmen. Auch ließen sich Kleinteile dieses Werkstoffes ohne nennenswerte Schwierigkeiten kalt verformen.

Es hat sich ferner als günstig erwiesen, wenn die hochschmelzende Komponente von sehr kleiner Teilchengröße ist und gleichmäßig fein verteilt vorliegt. Wolfram-Seigerungen bringen z.B. örtlich unterschiedliche Abtragsverhältnisse und damit Ungenauigkeiten in die Abbildung des Elektrodenprofils.

Aus dem Gesagten geht hervor, daß der bei Kontaktbaustoffen der Elektrotechnik zu fordernde Aufbau nicht ohne weiteres auf Werkzeugelektrodenwerkstoffe bei der Funkenerosion zu übertragen ist. Die Herstellungsverfahren werden jedoch nicht wesentlich voneinander abweichen [13]. Zu erwähnen ist noch, daß es ohne weiteres zur Einsparung von Wolfram möglich ist, Kupfer-Schäfte an entsprechende Formteile anzugießen.

1.2 Die werkstückseitige Beeinflussung

Im folgenden soll nun die werkstückseitige Beeinflussung besprochen werden. Neben der bei der Hartmetall-Bearbeitung zu stellenden Forderung nach bester Formgenauigkeit der Teile, stellt die Oberflächenbeschaffenheit einen wesentlichen Gesichtspunkt für die Einsatzmöglichkeit funkenerosiv bearbeiteter Werkzeuge dar. Die Abtragung bei der funkenerosiven Bearbeitung ist dadurch gekennzeichnet, daß an der werkstückseitigen Auftreffstelle des Funkens ein örtliches Abschmelzen und teilweises Verdampfen des Werkstoffes erfolgt. Die makroskopische Betrachtung läßt kraterförmige Ausnehmungen erkennen, die auf Grund der Häufigkeit der Entladungen ineinander übergehen. Das Volumen der einzelnen Ausnehmungen ist von der Energie des Überschlages abhängig, wobei der Abtragseffekt bei verschiedenen Werkstoffen unterschiedlich verläuft. Gegenüber der durch Einwirkung eines Schneidkeiles mechanisch beanspruchten Oberfläche, weist die funkenerosive Oberfläche keine gerichteten Bearbeitungsspuren auf.

In Abbildung 40 ist die Werkstückrauhigkeit (maximaler Profilunterschied) nach der funkenerosiven Bearbeitung von einem gehärteten Stahl und Hartmetall über den Einstellstufen des Speichers einer Funkenerosionsmaschine aufgetragen. Auf Grund der Energieabstufung der verwendeten Maschine ist die Rauhigkeitsabnahme im Schlichtbereich groß gegenüber der des Schruppbereiches (Einstellstufen 5 bis 8). Die absoluten Höhen der Rauhigkeitswerte von Stahl zu Hartmetall verhalten sich etwa wie 2 : 1. Dies liegt darin begründet, daß der Volumenanteil des Werkstoffes, der bei Hartmetall durch Abschmelzen gelöst wird, geringer ist als der Anteil bei Stahl. Die geringere Wärmeableitung bei Hartmetall und der höhere Schmelz- und Verdampfungspunkt gegenüber Stahl ergeben einen flacheren Krater, und der Anteil, der im schmelzflüssigem Zustand aus dem Krater geschleudert wird, ist geringer. Später gezeigte Randzonen lassen erkennen, daß die temperaturbeeinflußte Zone bei Hartmetall

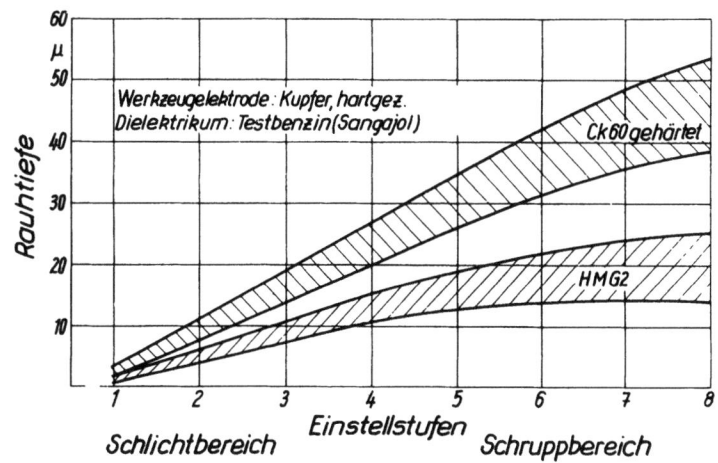

Abbildung 40

Werkstückrauhigkeit von Hartmetall und gehärtetem Stahl in Abhängigkeit von den Ladekapazitätsstufen einer Funkenerosionsmaschine niedriger Eingangsleistung

schmaler ausgebildet ist und der Übergang von der Umwandlungszone zum unbeeinflußten Grundgefüge schroffer erfolgt.

Im erfaßten Bereich liegt die günstigste Werkstückrauhigkeit bei 1 μ. Unter maximaler Schruppbedingung werden Rauhigkeitswerte bei gehärtetem Stahl von 40 bis 50 μ erreicht. Unter gleicher Bedingung ergeben sich bei der Hartmetallbearbeitung Werte zwischen 15 und 25 μ. Hierzu muß bemerkt werden, daß sich zwar die gefundenen Tendenzen auch an anderen Funkenerosionsanlagen reproduzieren lassen, daß jedoch die Absolutwerte stark von der elektrischen Auslegung der Anlagen abhängen.

Neben der Forderung nach möglichst geringer Oberflächenrauhigkeit darf die Oberfläche der bearbeiteten Teile bzw. die dazu senkrecht liegende Randzone keine schädigenden Veränderungen aufweisen. Insbesondere gilt dies für mechanisch beanspruchte Hartmetallwerkzeuge, beispielsweise bei dem Einsatz hartmetallbestückter Block- oder Folgeschnitt-Werkzeuge in der Massenfertigung. Hier können starke Zerklüftungen und Mikrorisse in der Randzone zu frühzeitigem Verschleiß oder sogar zum Bruch des Werkzeuges führen. Über die Temperatureinwirkung an der Auftreffstelle des Funkens ist an anderer Stelle bereits berichtet worden [14 ... 15].

Elektronenmikroskopische Aufnahmen lassen die Art der werkstückseitigen Beeinflussung von Hartmetall G 2 und Stahl 210 Cr 46 deutlich erkennen. In den folgenden Abbildungen kann der normale schmelzflüssige Umwandlungsbereich an der beaufschlagten Oberfläche gut identifiziert werden, wobei die Umwandlungstiefe mit zunehmender Überschlagsdauer und Funkenenergie (Schruppbereich) zunimmt. Hingegen konnte bei entsprechend hoher Entladefrequenz beobachtet werden, daß die Schmelzzone sich äußerst schmal ausbildet bzw. gar nicht auftritt. Hierbei erfolgt der Werkstoffabtrag größtenteils durch Verdampfen.

Die durch die Schruppbearbeitung entstandene Hartmetall-Oberfläche läßt in Abbildung 41a einen einheitlichen, rißfreien Schmelzüberzug erkennen. Dieser liegt bei der zum Vergleich angeführten Oberfläche eines Werkzeugstahles 210 Cr 46 noch ausgeprägter vor (Abb. 41c). Im Gegensatz dazu ist bei der geschlichteten Hartmetallprobe ein örtlich begrenzter, fein ausgebildeter Schmelzüberzug zu erkennen, der an einigen Stellen sogar die Konturen einiger Wolfram-Karbide freigibt (Abb. 41b). Hieraus kann auf eine stellenweise sehr schmale Umwandlungsschicht geschlossen werden. In Abbildung 41d der geschlichteten Stahlprobe ist die Abgrenzung der einzelnen Schmelzfelder nicht mehr zu erkennen. Eine Erklärung hierfür ist der unterschiedliche Abtragseffekt und das unterschiedliche anodenseitige Abtragsvolumen bei gleichen Impulsdaten. (Bei der Betrachtung der Abb. 41a bis 41d muß die unterschiedliche Vergrößerung berücksichtigt werden.)

Die Abbildungen 41e bis 41h zeigen für gleiche Bearbeitungsbedingungen die senkrecht zur bearbeitenden Oberfläche liegende temperaturbeeinflußte Randzone, die in der Schruppeinstellung (Abb.41e) eine Breite von 4 bis 6 μ aufweist. Einzelne Karbide sind aus dem WC-Verband herausgelöst worden und in den noch teigigen Bereich der Umwandlungszone geraten. Im Bereich der temperaturbeeinflußten Randzone ist eine Schmelzschicht unterschiedlicher Breite festzustellen. Dies ist insbesondere bei der unter Schruppbedingung gebildeten Zone zu erkennen, in der durch Zerklüftungen das Wolfram-Karbid-Skelett stellenweise nahe an der Oberfläche liegt. Auch bei der Bearbeitung unter Schlichtbedingung ließ sich eine Umwandlungszone elektronenmikroskopisch feststellen (Abb. 41f). Sie zeichnet sich dadurch aus, daß die Mikrorauhigkeit im Vergleich zu der geschruppten Probe niedriger liegt. Aussagen über eine Struktur der Hartmetall-Umwandlungszone können noch nicht gemacht werden.

Hartmetall G 2

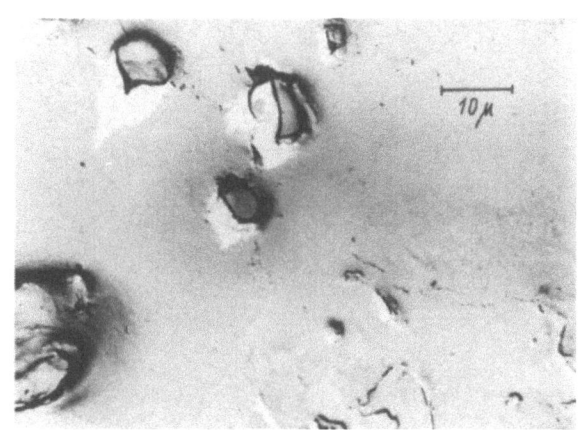

Abbildung 41a

Rauhigkeit R = 12 - 14 µ
Einzelkrater-⌀, anodenseitig: ~ 500 µ

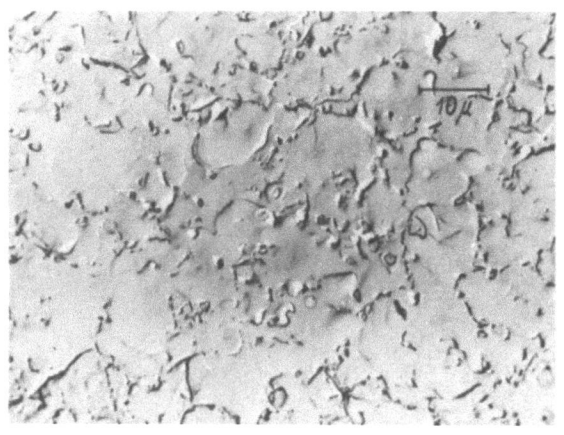

Abbildung 41b

Rauhigkeit R = 2 - 4 µ
Einzelkrater-⌀, anodenseitig: ~ 10 µ

Stahl 210 Cr 46

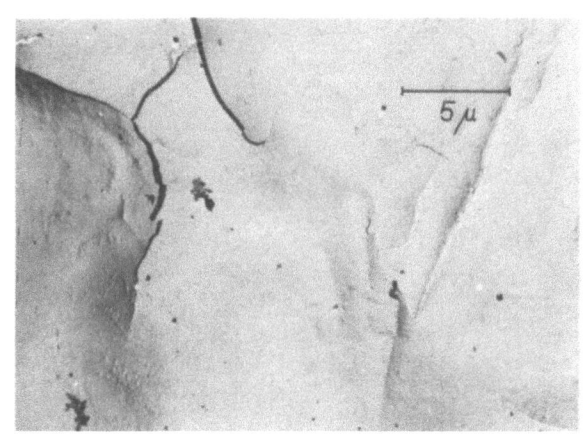

Abbildung 41c

Rauhigkeit R = 18 - 20 µ
Einzelkrater-⌀, anodenseitig: ~ 600 µ

Schruppeinstellung (41a, c)

i_{e1}	t_{f1}	f_f
300 A	13 µs	1000 Hz

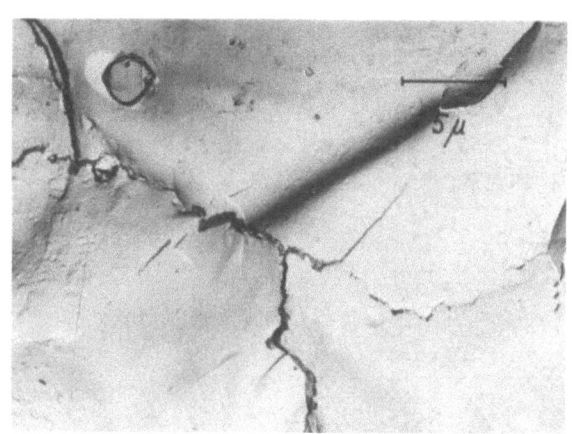

Abbildung 41d

Rauhigkeit R = 6 - 8 µ
Einzelkrater-⌀, anodenseitig: ~ 30 µ

Schlichteinstellung (41 b, d)

i_{e1}	t_{f1}	f_f
92 A	4,2 µs	6000 Hz

Abbildung 41a - d
Funkenerosiv bearbeitete Oberflächen

Hartmetall G 2

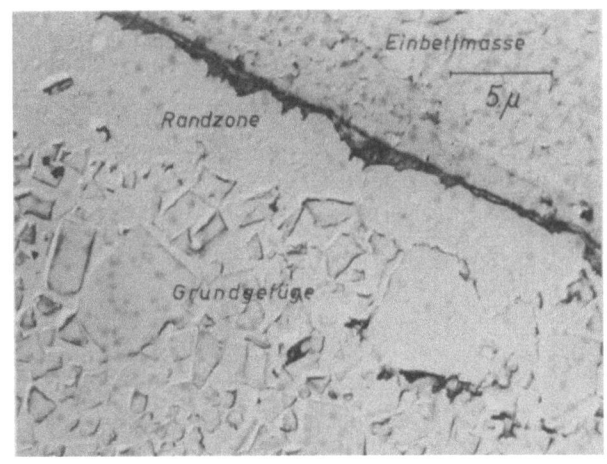

Abbildung 41e   Abbildung 41f

Stahl 210 Cr 46

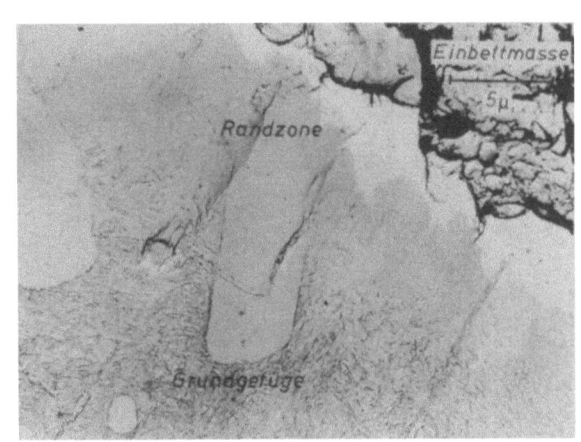   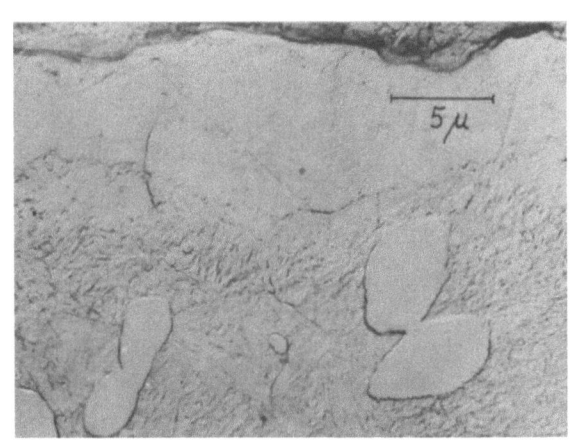

Abbildung 41g   Abbildung 41h

Schruppeinstellung (41e, g)

i_{e1}	t_{f1}	f_f
300 A	13 µs	1000 Hz

Schlichteinstellung (41f, h)

i_{e1}	t_{f1}	f_f
92 A	4,2 µs	6000 Hz

Abbildung 41e - h
Funkenerosiv beeinflußte Randzonen (Querschliffe, geätzt)

Im Gegensatz zur Randzonenausbildung nach der Schruppbearbeitung ist die Zone nach vorangegangener Schlichtbearbeitung einheitlicher ausgebildet. Einige Wolfram-Karbide haben sich aus dem Skelett gelöst und stoßen unmittelbar an die Oberfläche (Abb. 41f).

Im Vergleich zu Hartmetall sind die Umwandlungszonen bei den entsprechenden Aufnahmen der Bearbeitung von Stahl 210 Cr 46 breiter, jedoch sind auch hier die Erscheinungen mit feiner werdender Einstellung rückläufig (Abb. 41g und h).

Es ist das Ziel weiterer Versuche, das Verschleißverhalten und die Härte der Umwandlungszone zu untersuchen.

Auch hier muß betont werden, daß für die Ausbildung der Umwandlungszonen ebenfalls nur Tendenzen angegeben werden können, die sich unter den angegebenen Bedingungen an einer Maschine ergaben. Die Impulsdaten der Maschine üben neben der verwendeten Elektroden-Paarung einen wesentlichen Einfluß auf die Breite der Umwandlungszone aus.

Bei der Hartmetallbearbeitung interessiert ferner die Zusammensetzung der temperaturbeeinflußten Randzone. Hier konnten ebenfalls Röntgenfeinstruktur-Untersuchungen ein erstes Ergebnis bringen.

Die Auswertung einer geschliffenen und anschließend polierten Probe der Hartmetall-Qualität G 2 ergab eindeutig die Netzebenenabstände mit den zugehörigen Intensitäten der Komponente WC. Co wurde bei kleinem Aufnahmewinkel Θ zum Teil überstrahlt. Die unter Schruppeinstellung funkenerosiv bearbeitete Hartmetalloberfläche zeigte Veränderungen derart, daß die ursprünglichen HM-Bestandteile WC und Co nicht mehr nachgewiesen werden konnten. Stattdessen wurde $\alpha - W_2C$ und dessen Verbindung mit Co, Co_4W_2C bestimmt. CoO liegt ebenfalls in der betreffenden Umwandlungszone als Hochtemperatur-Modifikation vor. Als Werkstoffbestandteil der Werkzeugelektrode konnte CuO in der beeinflußten Hartmetall-Randzone nachgewiesen werden.

Das Röntgenfeinstruktur-Diagramm einer funkenerosiv unter Schlichteinstellung erzeugten HM-Oberfläche zeigte hingegen eine Verminderung der angezeigten Netzebenenabstände gegenüber der geschruppten Probe. Daraus kann auf eine Verringerung der entstandenen Produkte bzw. eine nicht so stark ausgeprägte Umwandlung in der Randzone geschlossen werden. Von den ursprünglichen Bestandteilen konnte WC wieder belegt werden.

Damit werden die bei der elektronenmikroskopischen Betrachtung der Randzone gemachten Aussagen bestätigt. CuO konnte nicht mehr mit Sicherheit festgestellt werden. Hingegen traten die Bestandteile $\alpha - W_2C$, Co_4W_2C und CoO (Hochtemperatur-Modifikation) wieder in Erscheinung.

Auf eine Zuordnung weiterer Linien in den Diagrammen mußte verzichtet werden, da die Existenz zahlreicher aus der Röntgenkartei entnommener Komplexverbindungen noch nicht sicher ist.

Aufgabe weiterer Untersuchungen wird es sein, die verdampfte und im Dielektrikum wieder kondensierte Phase und die im schmelzflüssigen Zustand aus dem Bearbeitungsspalt geschleuderten Werkstoffteilchen auf ihre Zusammensetzung zu untersuchen. Es wäre damit sichergestellt, daß bei einer Untersuchung der temperaturbeeinflußten Randschicht keine Beeinträchtigung durch das Grundgefüge erfolgte.

Allgemeingültige Aussagen über die Umwandlungen bei der funkenerosiven Bearbeitung von Hartmetall sind noch nicht möglich.

2. Zusammenfassung

Um dem Einsatz hartmetallbestückter Verschleißteile im Werkzeugbau mehr Raum zu geben, wurde auf die Möglichkeit ihrer Bearbeitung mit geeigneten Funkenerosionsmaschinen hingewiesen. Einige Arbeitsproben aus der Praxis der Bearbeitung durch funkenerosives Senken zeigen den Arbeitsbereich und die neuartigen Wege maßhaltiger Formbearbeitung von Hartmetall auf. Aus einer Untersuchung verschiedener Elektrodenwerkstoffe resultierte, daß die bisher für die Stahlbearbeitung verwendeten Werkstoffe sich nicht ohne weiteres für die Hartmetallbearbeitung eignen. Neue Wege der Werkstoffzusammensetzung können das erzielte Arbeitsergebnis wesentlich verbessern, wie eine Untersuchung von 10 Verbundkörperwerkstoffen mit verschiedenen Komponenten-Anteilen ergab. Auf den Einfluß der anteilmäßigen Zusammensetzung sowie auf die Größe und Verteilung der hochschmelzenden Komponente wird hingewiesen. Zur Klärung des günstigen Verschleißverhaltens wird das Ergebnis einer Röntgenfeinstruktur-Aufnahme der beeinflußten werkzeugseitigen Randzone angeführt.

Eine Gegenüberstellung der Werkstückrauhigkeiten verdeutlicht die günstige Bearbeitungsmöglichkeit von Hartmetall hinsichtlich der erzielbaren Oberflächengüte gegenüber gehärtetem Stahl.

Die werkstückseitige Beeinflussung der bearbeiteten Oberfläche und der Randzone wird anhand von elektronenmikroskopischen Aufnahmen besprochen. Hierbei werden den bearbeiteten Hartmetallproben solche aus Werkzeugstahl 210 Cr 46 gegenübergestellt. Eine Röntgenfeinstruktur-Untersuchung diente dazu, einen qualitativen Anhalt über die Umwandlungen in der Randzone zu gewinnen. Ein nachteiliger Einfluß der Umwandlungszone funkenerosiv bearbeiteter Werkzeugteile konnte bisher im praktischen Einsatz nicht festgestellt werden.

Um beliebige Raumformen in Hartmetall maßgenau einbringen zu können, muß die Auslegung der Maschinen für das funkenerosive Senken in erster Linie mit dem Ziel erfolgen, einen geringen Werkzeugelektroden-Verschleiß und einen kleinen Bearbeitungsspalt zu erreichen. Da die zu erzeugenden Raumformen meist geringe Abmessungen aufweisen, tritt die zu erzielende Abbildungsgenauigkeit in den Vordergrund.

                                            Prof. Dr.-Ing. Herwart OPITZ
                                            Dipl.-Ing. Hans OBRIG
                                            Dipl.-Ing. Karlheinz GANSER

Literaturverzeichnis

[1] BALLHAUSEN, C. — Verwendungsmöglichkeit und Wirtschaftlichkeit von Hartmetallwerkzeugen sowie Erkenntnisse über neue Bearbeitungsverfahren.
Industrie-Anzeiger; Sonderteil "Blick in Konstruktion und Fertigung" 76 (1954) Nr.IX

[2] AXER, H. — Feinbearbeitung durch Elektroerosion.
Werkstattstechnik und Maschinenbau, H.11 (1955)

[3] OPITZ, H. und H. AXER — Untersuchung und Weiterentwicklung neuartiger elektrischer Bearbeitungsverfahren.
Forschungsbericht des Wirtschaftsministeriums NRW, Nr. 295 (1956)

[4] SPITZIG, J. — Der gesteuerte elektro-erosive Metallabtrag.
Schrifttumsreihe Feinbearbeitung, Deutsche Verlagsanstalt GmbH., Stuttgart (1958)

[5] Werkzeugmaschinen-Laboratorium T.H.Aachen — Spangebende Maschinen auf der 5. Europäischen Werkzeugmaschinen-Ausstellung (Kap. 11)

[6] GANSER, K. — Ein Beitrag zur Untersuchung des Bearbeitungsspaltes bei der Funkenerosion.
Forschungsberichtsheft "Elektroerosion", Verlag W. Girardet, Essen;
Industrie-Anzeiger, Sonderteil: Werkzeugmaschinen und Fertigungstechnik, Okt. 1958

[7] — Arbeiten des ADB-Ausschusses "Elektroerosion"

[8] KIPS, P. — Funkenerosives Schleifen.
Forschungsberichtsheft "Elektroerosion", Verlag W. Girardet, Essen;
Industrie-Anzeiger, Sonderteil: Werkzeugmaschinen und Fertigungstechnik, Okt. 1958

[9] GLOCKER, R. — Materialprüfung mit Röntgenstrahlen unter besonderer Berücksichtigung der Röntgenmetallkunde.
Springer-Verlag 1949

[10] — Index to the X-Ray Powder Data File (Ammerican Society for Testing Materials)

[11] HINNÜBER, J. und O. RÜDIGER — Neuere Verfahren der Metallbearbeitung, insbesondere der Elektroerosion. Werkstatt und Betrieb, H.2 (1954)

[12] BECKER, K. — Die Konstitution der Wolframkarbide. Zeitschrift für Elektrochemie, Bd. 34, Nr. 9 (1928)

[13] PALME, R. — Sintermetalle in der Elektrotechnik. ETZ - B; Bd. 8, H.6 (1956)

[14] WEIZEL, W. und R. ROMPE — Theorie elektrischer Lichtbögen und Funken. Leipzig 1950

[15] PALATNIK, L.S. und A.N. LJULITSCHEW — Temperaturuntersuchungen der Verdampfungsphase bei der elektroerosiven Bearbeitung der Metalle. Journal techn.fiziki, Nr. 4 (1956) (russ.)

[16] HANKE, E. — Standzeiterhöhung durch partielle Härtung mittels elektrischer Entladung. Fertigungstechnik H - Z 1958

[17] BÜHLER, GRÖNEGRESS, KORNFELD — Praktische Erfahrungen mit der Flammenhärtung von Stahl unter besonderer Berücksichtigung der Härtung ebener Flächen. Werkstatt und Betrieb, H.4, 1957

FORSCHUNGSBERICHTE DES LANDES NORDRHEIN-WESTFALEN

Herausgegeben durch das Kultusministerium

MASCHINENBAU

HEFT 45
Losenhausenwerk Düsseldorfer Maschinenbau AG., Düsseldorf
Untersuchungen von störenden Einflüssen auf die Lastgrenzenanzeige von Dauerschwingprüfmaschinen
1953, 36 Seiten, 11 Abb., 3 Tabellen, DM 7,25

HEFT 136
Dipl.-Phys. P. Pilz, Remscheid
Über spezielle Probleme der Zerkleinerungstechnik von Weichstoffen
1955, 58 Seiten, 19 Abb., 2 Tabellen, DM 11,50

HEFT 147
Dr.-Ing. W. Rudisch, Unna
Untersuchung einer drehelastischen Elektromagnet-Synchronkupplung
1955, 82 Seiten, 65 Abb., DM 17,70

HEFT 183
Dr. W. Bornheim, Köln
Entwicklungsarbeiten an Flaschen- und Ampullen-Behandlungsmaschinen für die pharmazeutische Industrie
1956, 48 Seiten, 24 Abb., DM 11,70

HEFT 212
Dipl.-Ing. H. Spodig, Selm
Untersuchung zur Anwendung der Dauermagnete in der Technik *1955, 44 Seiten, 25 Abb., DM 9,80*

HEFT 295
Prof. Dr.-Ing. H. Opitz und Dipl.-Ing. H. Axer, Aachen
Untersuchung und Weiterentwicklung neuartiger elektrischer Bearbeitungsverfahren
1956, 42 Seiten, 27 Abb., DM 10,30

HEFT 298
Prof. Dr.-Ing. E. Oehler, Aachen
Untersuchung von kritischen Drehzahlen, die durch Kreiselmomente verursacht werden
1956, 50 Seiten, 35 Abb., DM 13,15

HEFT 384
Prof. Dr.-Ing. H. Opitz, Aachen
Schwingungsuntersuchungen an Werkzeugmaschinen
1958, 66 Seiten, 73 Abb., DM 20,40

HEFT 412
Prof. Dr.-Ing. H. Opitz, Aachen
Kennwerte und Leistungsbedarf für Werkzeugmaschinengetriebe
1958, 72 Seiten, 35 Abb., DM 17,20

HEFT 506
Prof. Dr.-Ing. W. Meyer zur Capellen, Aachen
Der Flächeninhalt von Koppelkurven. Ein Beitrag zu ihrem Formenwandel
1958, 74 Seiten, 26 Abb., DM 21,50

HEFT 533
Prof. Dr.-Ing. H. Opitz und Dipl.-Ing. W. Hölken, Aachen
Untersuchung von Ratterschwingungen an Drehbänken
1958, 70 Seiten, 44 Abb., 2 Tabellen, DM 19,70

HEFT 606
Oberbaurat Prof. Dr.-Ing. W. Meyer zur Capellen, Aachen
Eine Getriebegruppe mit stationärem Geschwindigkeitsverlauf
in Vorbereitung

HEFT 631
Dr. E. Wedekind, Krefeld
Der Einfluß der Automatisierung auf die Struktur der Maschinen und Arbeiterzeiten am mehrstelligen Arbeitsplatz in der Textilindustrie
1958, 86 Seiten, 34 Abb., DM 21,10

HEFT 667
Prof. Dr.-Ing. H. Opitz, Dipl.-Ing. H. de Jong, Aachen
Schwingungs- und Geräuschuntersuchung an ortsfesten Getrieben
in Vorbereitung

HEFT 668
Prof. Dr.-Ing. H. Opitz, Dipl.-Ing. G. Ostermann, Dipl.-Ing. M. Gappisch, Aachen
Beobachtungen über den Verschleiß an Hartmetallwerkzeugen

HEFT 669
Prof. Dr.-Ing. H. Opitz, Dipl.-Ing. H. Uhrmeister, Dipl.-Ing. K. Jüstel, Aachen
Aufbau und Wirkungsweise einer Magnetbandsteuerung

HEFT 670
Prof. Dr.-Ing. H. Opitz, Dipl.-Ing. W. Backe, Aachen
Untersuchung von Kopiersteuerungen
in Vorbereitung

HEFT 671
Prof. Dr.-Ing. H. Opitz, Dr.-Ing. R. Piekenbrink, Dipl.-Ing. J. Bielefeld, Dipl.-Ing. K. Honrath, Aachen
Untersuchungen an Werkzeugmaschinenelementen
in Vorbereitung

HEFT 672
Prof. Dr.-Ing. H. Opitz, Dipl.-Ing. H. Heiermann, Dipl.-Ing. B. Rupprecht, Aachen
Untersuchungen beim Innenrundschleifen
in Vorbereitung

HEFT 673
Prof. Dr.-Ing. H. Opitz, Dipl.-Ing. H. Obrig, Dipl.-Ing. K. Ganser, Aachen
Die Bearbeitung von Werkzeugstoffen durch funkenerosives Senken

---

Ein Gesamtverzeichnis der Forschungsberichte, die folgende Gebiete umfassen, kann bei Bedarf vom Verlag angefordert werden:
Acetylen / Schweißtechnik – Arbeitspsychologie und -wissenschaft – Bau / Steine / Erden – Bergbau – Biologie – Chemie – Eisenverarbeitende Industrie – Elektrotechnik / Optik – Fahrzeugbau – Gasmotoren – Farbe / Papier / Photographie – Fertigung – Gaswirtschaft – Hüttenwesen / Werkstoffkunde – Luftfahrt / Flugwissenschaften – Maschinenbau – Medizin / Pharmakologie / Physiologie – NE-Metalle – Physik – Schall / Ultraschall – Schiffahrt – Textiltechnik / Faserforschung / Wäschereiforschung – Turbinen – Verkehr – Wirtschaftswissenschaften.

If you have any concerns about our products,
you can contact us on
ProductSafety@springernature.com

In case Publisher is established outside the EU,
the EU authorized representative is:
**Springer Nature Customer Service Center GmbH
Europaplatz 3, 69115 Heidelberg, Germany**

Printed by Libri Plureos GmbH
in Hamburg, Germany